中国地质大学（武汉）实验教学系列教材
中国地质大学(武汉)实验技术研究经费资助出版

网络GIS行业应用开发实践教程
——以地质灾害气象预警为例

WANGLUO GIS HANGYE KAIFA SHIJIAN JIAOCHENG
—— YI DIZHI ZAIHAI QIXIANG YUJING WEILI

罗显刚 ◎ 主　编

彭　静
徐战亚
郭明强
容东林 ◎ 副主编

内容简介

本书针对网络GIS的行业应用，以其在地质灾害气象预警中的应用为例，分7章对地质灾害气象预警进行理论与实践的研究，所研究的科学问题具有较强的学术前沿性。从网络GIS的行业应用、地质灾害气象预警系统需求分析、地质灾害气象预警系统概述、系统设计、环境配置、系统功能示例、系统功能展示等方面对地质灾害气象预警分析与实践进行了探索性的研究。基于网络GIS的开发技术，深入地质灾害气象预警行业应用，从基础理论知识的介绍到系统的需求分析与关键技术研究，再到系统设计与实现，循序渐进地介绍了地质灾害气象预警系统开发的理论与实践，并附上相应的代码示例与实现效果，在引导读者思考如何将网络GIS技术深入行业应用的同时，通过实例和图文并茂的实现效果，激发读者的兴趣和开发实践。本书可作为高等院校本科生的实验教材，也可供从事网络GIS开发和行业应用的各界人士参考。

图书在版编目(CIP)数据

网络GIS行业应用开发实践教程——以地质灾害气象预警为例/罗显刚主编．—武汉：中国地质大学出版社，2015.8

中国地质大学(武汉)实验教学系列教材

ISBN 978-7-5625-3702-1

Ⅰ.①网…

Ⅱ.①罗…

Ⅲ.①地理信息系统-应用-地质-自然灾害-气象预报-高等学校-教材

Ⅳ.①P694-39②P457-39

中国版本图书馆CIP数据核字(2015)第177804号

网络GIS行业应用开发实践教程 罗显刚 **主编**

——以地质灾害气象预警为例 彭静 徐战亚 郭明强 容东林 **副主编**

责任编辑：彭琳 责任校对：周旭

出版发行：中国地质大学出版社(武汉市洪山区鲁磨路388号) 邮政编码：430074

电 话：(027)67883511 传 真：67883580 E-mail：cbb@cug.edu.cn

经 销：全国新华书店 http://www.cugp.cug.edu.cn

开本：787毫米×1 092毫米 1/16 字数：301千字 印张：11.75

版次：2015年8月第1版 印次：2015年8月第1次印刷

印刷：武汉市籍缘印刷厂 印数：1—500册

ISBN 978-7-5625-3702-1 定价：38.00元

前 言

伴随着计算机技术、网络技术、数据库技术和软件技术等的发展，GIS技术在数据模型、数据的组织与管理、体系结构、计算模式和地理服务等方面正在或已经发生了巨大的变化。从早期庞大而专有的GIS系统到如今轻便且大众化的嵌入式移动地理信息系统，在这众多的变化中，“网络化”是GIS发展历程中最重要的特点。网络GIS的典型代表是WebGIS。此外，移动GIS、网格GIS等技术为网络GIS增添了更为丰富的内容和呈现形式。随着全球信息化程度的提高，以及市场需求的不断扩大，GIS的应用领域不断扩展，使得GIS产品研发重点和趋势转向基于网络的应用和服务上来。

近年来，中国互联网用户需求和在线信息服务获取方式都发生了巨大的变化，随着2005年将GIS引入互联网，在短短的几年时间里，电子地图迅速成长，简单的线路搜索、查询定位、公交导航、路径规划等基本功能已经不能满足需求，GIS在“数字城市”、“数字地球”、减灾防灾、物流管理等应用方面的服务越来越多样化，信息化程度更加纵深，发展也越来越成熟。随着大数据时代的到来，在海量信息的背后，除了做好对空间数据日积月累的采集、更新与维护之外，GIS与各行各业优势资源的整合已经势在必行。我国网络GIS目前在农业、林业、气象、地震、水利、地质灾害、环境保护、交通、电力、城市建设和规划等部门或行业都有广泛的应用，但都处于初步阶段，将网络GIS技术深入行业应用与服务，是未来网络GIS的应用方向。

本书在介绍了网络GIS发展与应用的基础上，以地质灾害气象预警为例，深入行业应用分析，详细介绍了地质灾害气象预警系统的需求分析、系统设计和关键技术研究等问题，并给出了详细的环境配置、代码示例和功能展示效果，力争形成一个比较完整的理论与实践体系。本书瞄准行业应用前沿，所论述的科学问题是目前网络GIS技术在地质灾害行业应用方面的热点和难点问题。

本书具有较强的针对性，其他同类图书多对网络GIS开发技术进行研究，而本书针对网络GIS技术的行业应用进行了深入探索，所涉及的问题包括地质灾害气象预警流程、地质灾害气象预警模型原理、系统开发的流程、系统实现的关键技术、系统设计、系统实现代码示例、系统实现效果展示等的理论与实践研究，示例充分，可操作性强。

笔者一直从事网络GIS开发方面的应用研究，曾参与MapGIS系列产品的设计与研发工作，以及国家地质灾害气象预警研究工作，具有较强的实践动手能力。在教学方面，具有指导学生在课内、课外参与软件的设计与开发实践的丰富经验，多次指导学生参加全国GIS二次开发技能大赛并取得了优异的成绩。在近几年的网络GIS教学实践中，积累了丰富的网络GIS教学与行业应用的实践经验。因此，本书作为网络GIS行业应用实践的参考书籍，将会对相关专业的本科生或者研究人员具有指导意义。

本书的出版获得了“中国地质大学(武汉)实验技术研究经费”资助。在本书的筹备过程中，操丽、崔艺、黄露、王钰莹等同学参与了资料的收集、整理与编写，王少波、曹晓敏、魏汝兰等同学参与了示例代码的调试工作。在此，对以上在各方面给予支持与帮助的同志表示衷心的感谢。

由于篇幅有限，网络GIS技术应用行业广泛，不能一一详尽，只能以地质灾害气象预警作为示例进行分析。加之笔者水平有限，书中不足之处在所难免，衷心地希望读者批评指正。

笔　者

2015年4月3日

目　录

第一章　绪　论

第一节　网络 GIS 的概念与特点

网络 GIS 是 GIS 发展过程中某一时段的 GIS 产品与应用形式，也可以是互联网 GIS 行业应用的统称。所有基于互联网的分布式空间信息管理系统都属于网络 GIS 的概念范畴，网络 GIS 能够实现空间数据管理、分布式协同作业、网络发布和地理信息应用服务等多种功能。

传统的单机版 GIS 系统无论是软件还是数据均部署在一台计算机上，要求较高的软、硬件环境，其处理能力完全依赖客户端的配置，无法实现数据的多人操作和编辑，且部署成本非常高；而网络 GIS 则充分利用了互联网上的计算机，增强了地理数据的共享和协同处理能力。网络 GIS 是 GIS 应用的一次飞跃，较单机版的 GIS 系统，它具有以下几点优势。

(1)网络 GIS 拓展了 GIS 的应用领域和服务范围，让更多的人可以使用 GIS，从而获得更优质的空间信息服务。

(2)网络 GIS 用户不必关注服务器端的实现细节，也不必关注数据的组织方式，只需要通过通用的 Web 浏览器或专用的客户端程序实现所需的功能，从而大大降低了用户的使用门槛。

(3)网络 GIS 允许多个用户基于同一个系统对同一套数据进行共享和操作。

(4)网络 GIS 由于对数据和程序进行集中管理，可以将最新的数据和最新的功能通过网络发送到客户端，提高地理信息系统服务的时效性。

(5)虽然网络 GIS 的最典型代表是 WebGIS(B/S 模式的 GIS)，但 C/S 模式的 GIS 系统、Web 服务 GIS 和移动与嵌入式 GIS 都为网络 GIS 增添了丰富的内容和形式。

(6)网络 GIS 继承了大部分或者全部传统 GIS 软件所具有的功能。

(7)网络 GIS 侧重于空间数据和服务的共享，从 Internet 的任意节点，用户都可以浏览 WebGIS 站点中的空间数据、制作专题图、进行各种空间信息检索和空间分析。

第二节　网络 GIS 的发展及应用

一、网络 GIS 的发展趋势

当前，随着新技术和硬件设备不断发展更新，应用领域日益广泛，人们对信息利用的要求也在不断地加深和拓宽，这些都为网络 GIS 的应用提供了十分广阔的发展前景。

(1)基于.Net的WebGIS微软的.Net被称为“下一代Internet”计算模型，它为发出请求的用户提供所需的资源和服务，不论用户在何时、何地以及使用何种设备发出请求，也不需要知道它们所需要的资源和服务存于何地以及如何才能得到。.Net技术的核心是服务，即Web Service，客户端的计算机通过Internet连接网络中提供Web Service接口的GIS应用程序，使其可通过Internet对分布在不同地点的空间数据进行访问。通过Web Service不仅可以整合企业内部的不同应用系统，还可以使分布于不同位置的GIS应用系统通过Internet实现整合。

(2)网格GIS技术。网格技术被看成是“下一代Internet”，是由各种不同的硬件与软件组成的基础设施，它将计算机、互联网、大型数据库、远程设备等连接在一起，实现资源共享与协作，使人们更自由、更方便地使用网络资源解决复杂问题。网格GIS是GIS在网格环境下的一种新的应用，将促进GIS沿着网络化、全球化、标准化、大众化、实用化的方向发展，最终实现空间信息的全面共享与互操作。

(3)移动GIS。无线通信技术和网络技术的快速发展，使Internet技术与无线通信技术、GIS技术的结合成为现实，形成了一种新技术——无线定位技术(Wireless Location Technology)，随之衍生出一种新的服务，即空间位置信息服务(LBS)。LBS是当前移动GIS的主要应用方向之一，它将通信技术与GIS技术进行整合，融合了移动通信与网络的技术，使移动GIS的移动环境发生了极大的变化和改善。可以预见，在不久的将来，移动计算将成为主流计算环境，并将在辅助GIS野外工作方面发挥巨大的作用。

(4)数字地球。1998年美国前副总统戈尔提出了“数字地球”这一概念，随即受到了各国专家学者的极大关注。“数字地球”将地球上一切与地理位置有关的信息用数字形式描述出来，然后透过网络形成丰富的资源，从而为全社会提供高质量的信息服务。在“数字地球”中，涉及的主要技术是计算机、网络通信、遥感、全球定位系统、地理信息系统以及海量的数据存储处理、图像智能处理、数据库技术等。

二、网络GIS的行业应用

我国在网络GIS的应用方面做了许多有益的探索，取得了宝贵的经验，在农业、林业、气象、地震、水利、地质灾害、环境保护、交通、电力、城市建设和规划等部门或行业都有广泛的应用。

1. 农业

改革开放以来，我国大力发展农业，不断促进农业信息化建设，积累了大量的农业状况信息，农业信息WebGIS系统可以为农业生产及服务提供丰富、及时的农业生产信息资源(农业气象、农村经济、农产品价格、农产品贸易)以及网上地理信息管理和应用，为农业生产提供各种图形、图像等网上信息检索、查询、浏览，以及各种信息的交流服务。农业部门各级领导、农业生产决策者在中国地图上可直观地查出诸如某一地区小麦、玉米、大豆等作物的种植面积、分布情况，相关的气象条件，农产品的价格分布情况，农民收入情况等相关专题图信息，而不必只是通过单调的阿拉伯数字和文字来判断相关的农业生产和农业服务情况；同时还可以及时了解国内最新农业生产信息及与农业相关的各种经济信息。

2. 林业

基于WebGIS可以对林业生产领域的各种空间数据和属性数据，包括林地使用状况、植被分布特征、立地条件、社会经济等相关数据，进行管理和综合分析，及时掌握森林资源及有关因子空间时序的变化特征。WebGIS在林业方面的应用主要有以下几个方面。

(1)环境与森林灾害监测及管理。

(2)森林资源清查与数据管理。

(3)森林资源分析和评价。

(4)野生动植物监测与管理。

(5)森林经营。

3. 气象

气象领域业务最突出的特点是实时业务居多，实时性要求极高，并且信息量庞大，气象数据量的增长速度往往呈指数提高，WebGIS能很好地解决数据的实时性分析和海量数据的管理问题。WebGIS在气象领域的应用主要有以下几个方面。

(1)气象预测。在天气预报业务中的应用，需要将单点实时观测数据网格化，并根据不同的应用需求建立不同的模式方程，在方程中将地理数据、气象数据等数据源作为自变量进行计算，求出不同的预报要素，最后通过网络GIS的远程传输、处理及显示功能，制作出数字化的多媒体天气预报图件和图表。

(2)精准农业。通过WebGIS的支持，依据生产与服务的需要，通过农业气候资源信息多参数条件下分层量化的空间信息处理技术及叠加分析与评估技术，实现农业气候和农业基础资源信息从传统定性、单点静态分析到定量和定位的动态精细评估的转变，提高农业生产全过程的监测与评估精度的水平。

(3)农业气象灾害。利用WebGIS处理技术，农业部门通过对农业生产全过程中农作物的生长发育、病虫害、光温、水及相应的环境状况进行快速的定期信息获取，并使用网络将监测到的结果上传，为管理部门的动态分析和监测提供了第一手资料，在网络GIS集成系统支持下为特色和精准农业发展及田间信息化管理与作业提供了重要的技术支持。

(4)农业区划地理信息系统。通过分析农业生产及生态建设相关领域的国土资源信息、气候资源和遥感动态监测等综合专业信息，为农业生产、生态环境建设的本底资源综合评估及宜农、宜林、宜草作物区划和实时动态监测提供了一个全数字、高精度的客观评估和实时分析系统。这对农业气象服务会是一个极大的促进，也为农业资源潜力的均衡利用和可持续发展奠定了基础。

4. 地震

WebGIS在防震减灾中具有无可比拟的优势。无论是震害预测信息服务平台的开发还是数字地震减灾系统的研究都可以为整个社会提供及时、必需的信息和理念，这些都能为实现政府倡导的减灾政策打下坚实的基础。比如在1999年中国台湾集集7.6级地震中，其灾害调查、灾情统计、救济工作等都是基于WebGIS来开展的，WebGIS在抗震救灾、安定民心等工作中发挥了一定的作用。

5. 水利

继“数字地球”以后，国家提出了建设“数字水利”的目标，力求人水和谐。随着“智能地球”的提出，“智能水利”成为水利信息化的发展方向。“智能水利”依托强大的信息化应用软件平台和IT系统的集成能力，利用电信政务光网和3G无线网络，结合云计算、GPS定位、Web-

GIS、视频监控、卫星通信、物联网等领域的先进技术，将进一步提高水资源管理、水利政务、水利工程管理、山洪监测预警、防汛指挥调度等水利业务中信息技术应用的整体水平，带动水利现代化发展。

6. 地质灾害

我国是一个地质灾害多发的国家，地质灾害种类多、分布广、影响大，其中以滑坡、泥石流、崩塌灾害最为严重，每年都给我国带来巨大的人员伤亡和经济损失，成为制约我国社会和经济可持续发展的重要因素。WebGIS 技术作为当前高科技发展的产物，能开发集图形图像与属性数据采集、处理、输出、存储、检索、空间分析和显示等功能为一体的应用系统，实现地质灾害信息共享与动态管理、综合分析与预测、快速预报与应急，能有效地提高地质灾害防治管理工作水平，并为防灾减灾决策提供服务。

7. 环境保护

随着全球环境的日益恶化，人们已越来越深刻地认识到环境保护的重要性。同时，也越来越深刻地认识到科学技术，特别是信息技术对环境保护所起到的重大作用。环境保护离不开环境信息的采集和处理，而环境信息 85%以上与空间位置有关，所以，地理信息系统就自然成为环境保护工作的有力工具。在地理信息系统的帮助下，不仅可以方便地获取、存储、管理和显示各种环境信息，而且可以对环境进行有效的监测、模拟、分析和评价，从而为环境保护提供全面、及时、准确、客观的信息服务和技术支持。WebGIS 在环保领域的应用主要有以下几个方面。

(1)环境专题图的制作。

(2)环境监测。

(3)自然生态环境分析。

(4)环境应急预报预警。

(5)环境质量评价。

(6)环境影响评价。

(7)水环境管理。

8. 交通

交通是一个复杂的城市人文要素，其发展和建设与经济、环境、人口等诸多因素有关，只有将这些信息要素与道路规划以及日常管理和维护工作紧密结合，并利用计算机信息技术才能建设满足需要的道路交通网，而所有这些信息都依赖于其地理位置等信息。WebGIS 为交通信息数据的访问、发布和可视化提供了一个很好的工具。基于 WebGIS 的交通信息系统，依靠先进的交通检测技术和计算机信息处理技术，可以获得有关交通状况的信息并进行处理，再通过互联网、个人计算机等终端设备对实时统计道路信息、交通基础设施建设信息、事故信息，以及公众出行方式和时间等提供查询服务。WebGIS 在智能交通领域中的应用主要表现在以下几个方面。

(1)发布公众交通信息。包括公交线路信息、最短路径查询、出行路线诱导、道路施工情况和交通流量、商业点加油站等兴趣点的查询。

(2)城市交通指挥调度。包括道路交通信息采集和处理、路口监控、车辆监控、交通灯指挥以及交通预案管理等。

(3)交通基本建设信息管理。包括对公路建设项目、水运建设项目和桥梁建设项目等数据的空间化管理与查询分析。

(4)交通事故预警。包括交通事故处理单位、事故救援单位及各种交通部门的地理信息共享、查询和管理。统计分析事故信息可以构成辅助决策支持。

9. 电力

电力的生产和使用具有同时、等量和连续性等特点,电能从发电到输电、配电,一直到用电瞬时完成,电力系统的控制中心、调度中心要在同一时间全面掌握发电、输电、配电和用电各环节的各种数据,迅速予以分析、处理并及时进行调度。与此同时,电力系统的所有环节也要根据调度指令瞬时做出反应,科学安排生产运行,否则将对电力生产安全和资源合理配置生产产生巨大的影响,其中的信息数量大而广、纷繁复杂并要求得到迅速处理,由此产生了巨大的挑战。WebGIS 能为解决这些问题提供有力的支撑,它与 GIS 技术相结合,能便捷地整合多源数据,把大量地理信息数据和属性数据进行综合管理,使电力系统的信息化管理更加方便,为电力生产、经营管理提供现代化的管理手段和科学的决策支持。与网络技术的结合,使 WebGIS 系统实现电力信息共享更加方便,信息共享程度的提高,更加方便了电力系统信息的可视化管理。WebGIS 在电力系统中的应用主要体现在电厂设备管理、输配电管理和用电管理 3 个方面。

10. 数字城市

WebGIS 是数字城市建设的关键技术之一。现在我国正在构建的 WebGIS 大多数是局域网或城域网,如“数字北京”“数字福建”等。基于 WebGIS 技术建立的城市地理信息系统实现了城市各种数据和信息的采集、处理、存储、管理、查询、分析、应用和维护更新,为城市管理和决策提供了现代化的工具,为城市规划、管理和建设的定量化、科学化提供了先进的技术手段和方法,并为决策提供了辅助决策支持,成为数字城市建设不可缺少的工具。

11. 旅游

WebGIS 集 GIS 强大的空间数据处理、分析功能和 Internet 的信息传播功能于一身,可以最大限度地满足旅游政府部门、旅游企业、旅游者不同的需求。

在旅游资源调查与评价的应用中,WebGIS 应用服务器不但可以连续无缝的方式高效地管理所有的景区空间和属性数据,而且还可以根据客户端的请求对空间数据库进行查询、统计等操作,最后生成统计图或数据报表发送到浏览器端显示出来。

在旅游资源开发与规划的应用中,利用 WebGIS 的空间数据处理和空间分析两大功能,旅游管理者可以在旅游专题电子地图的基础上反复进行设计和修改,拟定旅游景区、景点的空间分布、功能分区和总体构图,最终制定出旅游资源开发设计的总体方案。

在旅游企业营销活动中,WebGIS 主要可用在旅游市场调查与预测、旅游市场决策两个方面。

12. 其他

WebGIS 在电信、军事、教育、商业、城市规划、城市管理、新闻媒体、110 报警服务、在线政府公共信息服务等领域的应用也非常广泛,如统计分析、房地产管理、油气管理、土地和地籍管理、智能交通管理、跟踪污染和疾病的传播区域、商业选址、市场调查、移动通信、民用工程、城市管道管理等。

三、网络GIS在地质灾害气象预警中的应用

网络GIS在地质灾害气象预警中的应用是利用计算机技术与GIS技术，将先进的GIS空间分析技术与基础数据库和空间图形库结合起来，建立地质灾害气象预警系统，并运用网络技术，将地质灾害气象预警信息发布到Internet上，使地质灾害预警问题决策过程更加直观、快速、有效，可为地质灾害防灾减灾工作提供辅助科学依据。

地质灾害气象预警系统主要是利用先进的监测手段和气象预报预警技术，根据已掌握的研究区的地质情况、地理情况，及已发生过的地质灾害类型、规模、危害程度等信息，对气象因素可能引起的地质灾害进行监测，并研究该区域的气象情况与地质灾害在时间、空间分布上的关系，从而分析、研究并建立起气象-地质灾害之间的统计关系，对未来的变化趋势进行预测预报，发布预警信息。

第三节　本书将带来什么

随着Internet技术的不断发展和人们对地理信息系统(GIS)的需求，利用Internet在Web上发布和查看空间数据，为用户提供空间数据浏览、查询和分析以及交互功能，已经成为GIS发展的必然趋势。于是，基于Internet技术的地理信息系统——WebGIS就诞生了。WebGIS是Internet技术应用在GIS开发上的产物，GIS通过Web功能得以扩展，真正成为一种大众使用的工具，WebGIS在各行各业都有广泛的应用。但是目前关于WebGIS开发的书籍多偏向于WebGIS的开发技术，对行业深入应用的研究甚少。一个成功的行业应用GIS系统的开发，不仅要有扎实的开发技术，也要对行业有深入的了解，而本书就是为了深入了解行业应用而编写。

本书以地质灾害气象预警为例，对地质灾害气象预警的业务流程和原理方法进行了详细介绍，并给出了地质灾害气象预警系统开发的实例，使读者能够清晰地了解基于WebGIS技术开发系统的流程和需要解决的关键技术问题。书中为配合知识的讲解还提供了详细的接口设计和程序实例，并附上相关功能截图，旨在激发读者深入学习了解GIS行业应用开发的浓厚兴趣。书中所有这些实例都是经过作者调试通过的，方便读者迅速地掌握WebGIS在地质灾害气象预警行业应用中的技巧。

本章小结

随着网络技术的飞速发展，Internet已成为新的GIS系统发布平台。利用Internet技术，在Web上发布空间数据，供用户浏览和使用，是GIS发展的必然趋势。本章概述了网络GIS的概念与特点，介绍了网络GIS的发展和网络GIS在农业、林业、气象、地震、水利、地质灾害、环境保护、交通、电力、城市建设和规划等部门或行业的应用，并着重介绍了网络GIS在地质灾害气象预警中的应用。通过本章的学习，读者会对网络GIS的行业应用有初步的认识和了解，为后续章节的学习奠定基础。

第二章　地质灾害气象预警系统需求分析

第一节　地质灾害气象预警介绍

一、地质灾害气象预警的目的

国土资源部和中国气象局联合开展地质灾害气象预报预警工作，是为了更好地推动地质灾害防治工作，有效地减轻和避免地质灾害造成的生命及财产损失，促进经济和社会的可持续发展。具体表现为以下几个方面。

(1)提高公民的防灾减灾意识，提高地质灾害群测群防的针对性、有效性。

(2)推动各级地方政府的地质灾害防治工作。

(3)提升地质环境与气象因素耦合作用的科学技术研究水平。

地质灾害气象预警是一种长期的、持续的、跟踪式的、深层次的和各阶段相互联系的工作，而不是随每次灾害的发生而开始和结束的活动，应从局限于科学研究或个别行业的社会行为变为有组织的社会行为。

二、地质灾害气象预警的对象和内容

地质灾害气象预报预警的对象是降雨诱发的区域性群发型滑坡、崩塌、泥石流灾害。预报预警内容主要包括滑坡、崩塌、泥石流灾害可能发生的时间、地点(范围)、危险程度和宜采取的防范措施。

三、基于气象因素的地质灾害区域预报预警原理

(一)统计特征

(1)分析发现，地质灾害的发生在过程降雨量和降雨强度两项参数中存在着一个临界值，当一次降雨的过程降雨量或降雨强度达到或超过此临界值时，泥石流和滑坡等地质灾害即成群出现。

(2)不同地区具体一条沟谷的泥石流始发雨量区间为10～300mm，差异之大反映了地质条件、气候条件等的差异。

(3)在降雨过程的中后期或局部地区单点暴雨达到临界值时出现突发性群发型泥石流、滑坡等地质灾害，滑坡以小型者居多。

(4)大型滑坡常在降雨过程后期或雨后数天内出现。

(二)概念表述

目前,对单体地质灾害的监测预警在技术上相对比较成熟,也比较易于开展群测群防工作,而对群发型地质灾害,特别是一定地质背景下由气象因素引起的群发型滑坡泥石流的预报预警则在理论上和实践上均显不足。群发型地质灾害是指在某一区域多灾种呈群体出现的现象。地质灾害预警是一种包括预测与警报的广义“预警”,在时间精度上包括了预测或预估(估测)、预警、预报和警报(数小时)等多个层次,每个层次都是一个政府机构、工程技术与公众社会共同参与的综合体系。

按预警对象的物理参量划分,滑坡泥石流灾害预警可划分为空间预警、时间预警和强度预警3类,一次圆满的预警应包括这3个物理参量,且应该计算出每个物理参量发生的概率(可能性大小),从而确定向社会发布的方式、范围和应急反应对策。

1. 空间预警

空间预警是在滑坡泥石流灾害调查与区划的基础上,比较明确地划定非确定时间内滑坡泥石流灾害将要发生的地域或地点及其危害性大小。空间预警基于滑坡泥石流灾害的主要控制因素(如地层岩性、地质结构、地貌形态、地层突变等)和诱发因素(如降雨、地震、冰雪消融、人为活动)开展工作,控制因素是基本条件,诱发因素在不同地区或同一地区的不同地段常常表现出极大的差异。不同地区一条具体沟谷的泥石流始发雨量区间为10～300mm,差异之大也反映了地质条件、气候条件等的差异。有条件时,应分别研究预警地区的24小时降雨强度、1小时降雨强度、10分钟降雨强度与岩土体饱和状态及滑坡或泥石流复活的关系。

2. 时间预警

时间预警是针对某一具体地域或地点(单体),给出滑坡泥石流灾害在某一种(或多种)诱发因素作用下在某一时段内或某一时刻将要发生的预警信息。时间预警基于预警区域的地质环境状况、诱发因素发生范围与强度及其持续时间等开展工作。时间预警一般是在空间预警的基础上,通过专业技术观测、系统的理论分析和专家会商,并报有关管理部门认可后发布。

3. 强度预警

强度预警是指对滑坡泥石流灾害发生的规模、暴发方式、破坏范围和强度等做出的预测或警报,是在时空预警基础上做出的进一步预警,是科学研究和技术进步追求的目标,也是目前研究工作的最薄弱环节。

4. 概率预警

由于滑坡泥石流灾害的发生既有其地质演化的内在规律性,又受多种随机因素影响,滑坡泥石流灾害的时间、空间和强度三要素的预警也就都存在一个可能性大小(概率描述)的问题,目前以预警等级来表示。

(三)预警阶段划分

地质灾害预警包括地质灾害调查评价(或勘查评价)、观测(监测)系统建设与运行、灾害发展趋势分析会商、预警信息传播和适度的准备反应或防治对策5个阶段,相应包括了预测(数年)、预警(数月)、预报(数日)和警报(数小时)等多个层次的、多种精度的预警功能。预测是针对时间精度较低，着重灾害发生集中的区域，预测的基础是调查数据；预报、临报和警报的时间精度较高，必须有系统连续的观测或监测数据和基于正确的区域地质环境分析及地质体变形模式的综合分析。

（四）预警产品发布

预警产品一般用红、橙、黄、蓝和绿五色表示，一般暖色调表示比较危险，冷色调表示比较安全，因此，预警产品等级对应的色调划分为5级（表2-1）。

表2-1　预警产品等级及色标

级别	含义	色标	说明
Ⅰ	警报级，可能危害特别严重	红	组织公众应急响应
Ⅱ	预报级，可能危害严重	橙	建议公众采取预防措施
Ⅲ	预警级，可能危害较重	黄	发布公众知晓
Ⅳ	预测级，可能危害一般	蓝	科技与管理人员掌握
Ⅴ	常规级，一般无危害	绿	科技人员掌握

（五）地质灾害区域预报预警原理

据统计，全球约有23个国家和地区的学者对降雨滑坡进行了不同程度的研究，在美国、意大利、日本、英国、澳大利亚、新西兰和中国及中国香港（地区）等地开展了全国性或典型地区的研究。中国香港（Brand等，1984）、美国（Keefer等，1987）、日本（Fukuzono，1985）、巴西（Neiva，1998）、委内瑞拉（Wieczorek等，2001）、波多黎各（Larsen & Simon，1993）和中国等国家及地区曾经或正在进行面向公众的区域性降雨滑坡实时预报，预报的地质精度可以达到以小时为数量级。这些国家和地区一般都开展或完成了比较详细的地质灾害调查及深入的灾害发育特征、灾害易发区或危险区分区评价研究，拥有长期的、比较完整的降雨资料，具有布置密度比较合理的降雨遥控监测网络和先进的数据传输系统。其中，中国香港和美国预警系统的发展过程最具代表性。

综合分析国内外研究与应用状况，基于气象因素的地质灾害区域预警理论原理可初步划分为三大类，即隐式统计预警方法、显式统计预警方法和动力预警方法。

1. 隐式统计预警方法

隐式统计预警方法把地质环境因素的作用隐含在降雨参数中，即某地区的预警判据中仅仅考虑降雨参数建立模型。隐式统计方法可称为第一代预警方法，比较适用于地质环境模式比较单一的小区域，如以花岗岩及其风化残积物分布为主的香港地区，多年来一直在研究应用和深化这一方法。由于这种方法只涉及降雨量或降雨强度等一类参数，无论预警区域的研究程度深浅均可使用，所以这是国内外广泛使用的方法，也是最易于推广的方法。

隐式统计预警方法抓住了气象因素诱发地质灾害的关键方面，但预警精度必然受到所预警地区面积大小、突发性地质事件样本数量、地质环境复杂程度和地质环境稳定性及区域社会活动状况的限制，即单一临界雨量指标难以解释地质环境变化及地质灾害成因，且更新判据与提高准确性也比较受限制。

2. 显式统计预警方法

显式统计预警方法是一种考虑地质环境变化与降雨参数等多因素叠加建立预警判据模型的方法，它是由地质灾害危险性区划与空间预测转化过来的。这种方法可以充分反映预警地区地质环境要素的变化，并随着调查研究精度的提高，相应地提高了地质灾害的空间预警精度。显式统计法可称为第二代预警方法，是正在探索中的方法，比较适用于地质环境模式比较复杂的各类区域。

基于地质环境空间分析的突发性地质灾害时空预警理论与方法是根据单元分析结果合成实现的，克服了仅仅依据单一临界雨量指标的限制，但对临界诱发因素的表达、预警指标的选定与量化分级等尚存在诸多需要进一步研究的问题。

因此，要实现完全科学意义上的区域突发性地质灾害预警，必须建立临界过程降雨量判据与地质环境空间分析耦合模型的理论方法——广义显式统计模式地质灾害预警方法，预警等级指数(W)是内外动力的联立方程组：

$$W=f(a,b,c,d) \tag{2-1}$$

式中：W 为预警等级指数；a 为地外天体引力作用，$a=f(a_1,a_2,\cdots,a_n)$，太阳、月亮的引潮力，太阳黑子、表面耀斑和太阳风等的出现与地球表面灾害的出现有密切关系；b 为地球内动力作用，$b=f(b_1,b_2,\cdots,b_n)$，地球内动力作用主要表现为断裂活动、地震和火山爆发等；c 为地球表层外动力作用，$c=f(c_1,c_2,\cdots,c_n)$，地球表层外动力作用为降雨、渗流、冲刷、侵蚀、风化、植物根劈、风暴、温度、干燥和冻融作用等；d 为人类社会工程经济活动作用，$d=f(d_1,d_2,\cdots,d_n)$。

3. 动力预警方法

动力预警方法是一种考虑地质体在降雨过程中地-气耦合作用下研究对象自身动力变化过程而建立预警判据方程的方法，实质上是一种解析方法。该方法主要依据降雨前、降雨过程中和降雨后降水入渗在斜坡体内的动力转化机制，具体描述整个过程斜坡体内地下水动力作用变化与斜坡体状态及其稳定性的对应关系。通过钻孔监测地下水位动态、孔隙水压力和斜坡应力-位移等，揭示降雨前、降雨过程中和降雨后斜坡体内地下水的实时动态响应变化规律与整个坡体物理性状变化及其变形破坏过程的关系。在充分考虑含水量、基质吸力、孔隙水压力、渗透水压力、饱水带形成和滑坡-泥石流转化等因素条件下，选用数学物理方程研究并解析斜坡体内地下水动力场变化规律与斜坡稳定性的关系，确定多参数的预警阈值，从而实现地质灾害的实时动力预警。

动力预警方法的结果是确定性的，可称为第三代预警方法。这种方法尚局限于试验场地或单个滑坡区的研究探索阶段，必须依赖具有实时监测、实时传输和实时数据处理功能的立体监测网(地-气耦合)才能实现实时预警。由于理论、技术和经费等方面的高要求，这类方法的研究工作尚局限于局部地区，如美国旧金山湾地区和我国四川雅安试验区。

未来的方向是探索地质灾害隐式统计、显式统计与动力预警3种模型的联合应用方法，以适应不同层级的地质灾害预警需求。研究内容包括临界雨量统计模型、地质环境因素叠加统计模型和地质体实时变化(水动力、应力、应变、热力场和地磁场等)的数学物理模型等多参数、多模型的耦合。3种模型联合应用不仅适应特别重要的区域或小流域,也为单体地质灾害的动力预警与应急响应提供了决策依据。

四、地质灾害气象预报预警模型介绍

(一)隐式统计预报模型

隐式统计预报法是把除降雨以外的其他地质环境因素隐含在降雨参数中,仅用降雨参数即单一临界降雨量预警指标建立某一个地区的预警判据模型来进行预警,对于地质环境条件比较单一的一些小区域比较实用。这一模型主要采用地貌分析——临界降雨量模板判据法。

应用 $\alpha-\beta$ 理论方法,该方法利用1日、2日、4日、7日、10日和15日这6个过程降雨量数据建立了 α、β 两条曲线作为预警判据,认为当过程降雨量位于 α 线之下时,地质灾害预警等级为1～2级,不对外预警;降雨量位于 $\alpha-\beta$ 曲线之间时,地质灾害预警等级为3～4级;当降雨量位于 β 线之上时,地质灾害预警等级为5级,较好地解决了地质灾害预报预警分级问题。

该模型仅从降水这一个诱发地质灾害的关键因素入手,研究降水过程与地质灾害之间的相互关系,用纯降雨量分布因子规律进行研究,建立预警模型。这种方法在一定区域、一定地质环境条件下比较适用。

以甘肃省灵台县为研究区(灵台县位于陇东黄土高原地区),具体过程如下。

(1)对研究区进行500m×500m的网格剖分,计算出剖分好的每一个单元网格内每种地质灾害的个数、面密度、体积密度,确定高易发、中易发、低易发的判别准则,并根据判别原则给每个网格赋予地质灾害易发性袭扰系数。

(2)根据每个网格的地质灾害易发性袭扰指数在MapGIS中生成初步的地质灾害易发性区划图。

(3)选取地貌类型、地层岩性、降雨量分布、地形坡度、植被覆盖度5个地质灾害主要影响因素作为指标,对各个影响因素确定易发性分级标准,对每个影响因素进行分级区划,并对每个分区赋予地质灾害易发性指数。

(4)采用专家打分的原则确定每个因素的权重。

(5)以初步的地质灾害易发性区划图为基图,将各个影响因素灾害性分级图添加到基图中,生成了最后的灵台县易发性区划图。

(6)在地质灾害易发性区划图的基础上,进行地质灾害气象预警分区,同时确定地质灾害气象预报预警的分级。

(7)通过采用由前期雨量、有效雨量、日雨量、预报雨量4个因子组成的指标计算出临界有效降雨量,从而将临界有效降雨量作为地质灾害预警指标,计算公式为:

$$R_a = \sum_{k=0}^{n}(R_k \times a^k) + R_y \qquad (2-2)$$

式中:R_k 为前 k 天实测雨量,包括当日最新实况雨量($k=0$);y 为预报雨量;a 为前期降雨影响时间衰减系数,取值0～1。根据不同的灾害气象预警等级和灾害易发等级,共同确定某一综合有效累积雨量值为该易发区内该预警等级的指标临界值。

(8)以灵台县地质灾害易发性区划图为基础,以降雨诱发地质灾害作为分区的主导因素,主要采用定性的方法进行地质灾害气象预警区划，将灵台县分为 4 个地质灾害预警区（1～4 级）。

（9）将地质灾害预警分区图与行政区划图进行叠加，并进行统计分析，得到研究区地质灾害预警分区表。

（10）根据临界降雨量，建立每一级别的预警判据图，从而得到针对每一级别的 α 线和 β 线作为两条地质灾害发生的临界降雨量分界线，最终获得警报、预警和不发布的区域。

以安徽省为研究区：地质灾害多发生在两大山区，降雨在区域和季节上存在着巨大的差异性，因局地暴雨而诱发的突发性地质灾害也是安徽省的一大特征，具体过程如下。

（1）把安徽省划分为 5 个预警区域，对每个预警区的历史地质灾害进行统计分析，分别建立每个预警区的地质灾害事件与临界降雨量和过程降雨量的统计关系图，确定地质灾害在一定区域暴发的不同降雨过程临界值（低值、高值）并作为预警判据。

（2）将导致地质灾害发生的内外因素在 GIS 中进行数值化综合处理，生成全省地质灾害易发程度分区图，然后确定各易发区诱发灾害的气象预警指标和判别值。

（3）接收来自气象台的次日降雨量预报数据和预报雨量等值线图，对每个预警区进行叠加分析，根据判据图初步判定发生地质灾害的可能性。

（4）对判定发生地质灾害可能为较大等级的地区，再结合前期的各项指标进行综合判断，从而对次日的降雨过程诱发地质灾害的空间分布进行预报或警报。

（5）选取前期降雨过程、降雨类型、累积雨量和日雨量 4 个因子作为预警指标，模型为：

$$R_d \geqslant R_c - R_s \times C \tag{2-3}$$

式中：R_d 为当日降雨量；R_c 为降雨量临界值；R_s 为前期累积降雨量；C 为经验系数。

临界值 R_c 和经验系数 C 根据实测资料数据检验确定。对于不同的降雨类型，其降雨量临界值和冗余系数是不同的，需根据试验检验并加以确定。

（6）将实时气象预警指标与地质灾害易发分区背景图在 GIS 中进行叠加分析，按判别模型计算输出地质灾害预警等级结果，将地质灾害的预报等级分为 5 个等级。

（二）显式统计预报法

显式统计预报法将引发地质灾害的基础因子（如地形地貌、岩性、断裂构造等）和诱发因子（降雨）综合考虑，并建立两者相互耦合预警判据模型的方法，显式统计预警模型主要有以下几种。

1. Bayes 统计推理模型

该预警模型是以滑坡灾害危险性概率值作为 Bayes 统计推理模型的先验信息，用降雨量模型概率信息去修正这些概率产生 Bayes 综合模型，从而实现滑坡预警评价。其模型为：

$$T = \frac{1}{1 + e^{\ln\frac{1-Y}{Y}\ln\frac{H}{1-H}}} \tag{2-4}$$

式中：T 为预警模型概率值；H 为滑坡灾害危险性概率值；Y 为降雨量模型概率值。

2. 地质灾害致灾因素的概率量化模型

该预警模型以单元危险性概率值（即地形地貌、地质构造、地质发育等地质因素对滑坡灾害发生的综合体现）为基础，与降雨诱发地质灾害的发生概率进行耦合，得出某一降雨范围内地质灾害发生的概率。

以天津市为研究区：天津市山区突发性地质灾害虽然不如南方一些省、市发育强烈，但根据当地地质及地形地貌条件，在强降雨和持续长时间降雨条件下产生突发性地质灾害的可能性客观存在。针对天津市蓟县山区这样的小区域，采用地貌分析——临界降雨量模型判据法预报成功率较低，因此要在此基础上开展单点地质灾害尤其是泥石流灾害气象预报预警。

本模型在地质环境因素与降雨因子进行耦合建立预警判据模型的基础上进行改进，针对单个沟谷泥石流灾害气象预报预警的方法，对每个监测沟谷，建立泥石流灾害气象预报预警模型，引入单元危险性概率的因子，即将每一个致灾单因素进行概率量化，从而得到致灾因素危险性的概率值。具体过程如下。

(1)根据天津市历史上泥石流形成的统计分析结果，影响泥石流发生的第一因素是降雨量和沟谷的高差，其次是纵坡的坡度和沟长、流域面积。

(2)把每一个致灾单因素进行概率量化，而每一个单因素致灾的概率与该种因素致灾的频度有关，建立致灾因素危险性概率模型：

$$Y=\alpha(h,g,l,s)\times P(h,g,l,s) \tag{2-5}$$

式中：P 为泥石流灾害发育频度；$P(h、g、l、s)$ 分别为在沟谷的高差、纵坡的坡度、沟长、流域面积影响下的泥石流灾害发育频度；$\alpha(h,g,l,s)$ 为各因素概率稀疏，取值 0.1～0.6。

(3)对沟谷形态单因素危险性概率进行合成，从而得到沟谷单元危险性概率模型：

$$H=R(Y_h+Y_g+Y_l+Y_s) \tag{2-6}$$

式中：H 为沟谷危险性概率值；Y_h 为沟谷的高差危险性概率值；Y_g 为沟谷的纵坡坡度危险性概率值；Y_l 为沟谷的长度危险性概率值；Y_s 为沟谷的流域面积危险性概率值；R 为沟谷泥石流发育度，即沟谷内已发生泥石流灾害的次数。

(4)计算降雨量因素致灾概率，即统计一定降雨量次数中泥石流灾害发生的次数，得到不同降雨条件下泥石流概率取值表。

(5)以危险性概率为基础，将以此降雨量所诱发的泥石流的发生概率进行合成，得到某一降雨量范围内泥石流灾害发生的预报概率。模型为：

$$T=H+\beta+K \tag{2-7}$$

式中：T 为预报概率；H 为沟谷泥石流危险性概率；K 为降雨因素的发生概率；β 为降雨诱发泥石流的权重系数(通过主成分分析法求取)。

(6)最终获得的预报概率值分为 3 个等级，当预报概率值处于 0.4～0.5 时，称为泥石流临界发生值，相当于 3 级警报；当处于 0.5～0.8 时，称为泥石流易发生值，相当于 4 级警报；当大于 0.8 时，称为泥石流发生可能性很大，相当于 5 级警报。

3. 归一化方程预警分析模型

归一化方程预警分析模型也称为短时临近预警分析模型，该预警模型是基于不同预警分析单元的地质环境背景、人类活动背景、地质灾害易损性评价结果和近年来灾情发生频度及势能释放程度等要素，通过归一化方程对其建立相关预警分析模型。该模型的主要特点在于：不仅考虑了地质背景环境条件因素和降雨因素的影响，而且还考虑了前期地质灾害发生损耗的指数影响，主要是针对广东省以及类似的东南沿海省份受台风或局地强对流天气影响明显，即雨即滑型灾害频繁的灾害特征而形成的一种地质灾害预警模型。

以广东省为研究区：暴雨强度大是广东省降雨的一个突出特点，广东省是一个受海洋性气候影响发生地质灾害较大的省份，较短时间内降雨量数值较大是引发崩塌、滑坡和泥石流等地质灾害最直接的因素，短历时强降雨诱发的地质灾害常会与降雨同步发生。具体过程如下。

(1)在全省地质灾害易发分区图的基础上，利用 1∶5 万小流域分区界限对其进行再次分割，形成 1 145 个预警分析单元的预警区划图。

(2)获取自动监测到的 1 小时一次的单站点降雨数据，然后根据泰森多边形原理和同区取高值原理，将点雨量转化为面雨量，从而获取各分析单元不同时段降雨数据。

(3)获取来自气象台的 3 小时雨量临近预报数据和落区预报，并将其与预警区划图进行叠加，得到各分析单元的临近 3 小时降雨预报。

(4)对地质灾害群测群防点数据的分布与分析单元进行空间分析。

(5)预警指标包括以上 4 个方面数据，建立预警模型，可表示为：

$$T=G+R-L \tag{2-8}$$

式中：G 为地质背景环境条件贡献的指数；R 为降雨贡献的指数($R=R_p+R_f$；R_p 为前期过程雨量，R_f 为预报雨量)；L 为灾害发生损耗的指数。

4. 地质灾害预报指数模型

该预警方法主要通过降雨和地震两种诱发因子对地质灾害的影响情况进行比较来选择预警模型，比较适用于地震活动频繁或降雨量较大的地区。

以云南省为研究区，具体过程如下。

(1)以县级行政区为预报单元，将全省划分为 128 个预报单元。

(2)对地形、水系、工程地质岩组、地质构造形迹等指标，按加权指数法计算，得出预报单元的易发指数，从而计算获得全省各县的地质灾害易发指数。

(3)根据有降雨的天数、累计雨量、预报雨量确定各县的降雨作用系数。

(4)应用关联度分析确定各县的地震作用系数，按 4 个级别取值。

(5)通过对预报单元内地质灾害进行时间序列分析，确定地质灾害周期指数，它反映由风化作用、应力变化、太阳活动等导致的地质灾害的周期性变化，取值为 0.9～1.1。

(6)根据县域内陡坡耕植的面积、在建公路里程、矿山数量及占地面积、在建水电工程数量及占地面积，综合确定扰动系数，它反映人类工程活动对地质环境的扰动，从而加重地质灾害发生的指标，取值为 1～1.2。

(7)根据指数法建立预警模型：

$$W=\begin{cases} KRZY & \text{无地震影响或将于影响大于地震因素}(Y>M) \\ KRZM & \text{地震因素大于降雨因素}(M>Y) \\ KRZ(Y+1) & M=Y \end{cases} \tag{2-9}$$

式中：W 为地质灾害预报指数；K 为地质灾害周期系数；R 为人为工程活动对地质环境的扰动系数；Z 为地质灾害易发指数，是历史灾害强度(历史灾害规模、历史灾害密度)和滑坡影响因素(岩组类型、活动断裂、地形条件、植被条件等)的函数；Y 为降雨作用系数；M 为地震作用系数。

(8)预报指数按 3 级进行分布，得到最终的地质灾害预报结果等级。

5. 降雨量等级指数模型

该预警方法是利用预报预警区前几日(具体几日根据不同地区进行确定)的累计过程降雨

量和由气象台发送的未来 24 小时降雨量预报资料，并结合预报预警区的地形地貌、岩土体条件等的综合相关分析来进行的预警。适用于连续降雨和暴雨发生的次数较多，并在热带风暴（台风）的影响下经常发生强降雨过程的东南沿海地区。

以四川省雅安市为研究区，具体过程如下。

(1)将因子数据层按一定规则划分为不同的数据类型，然后将每个因子数据层与滑坡层进行叠加，计算因子层中每一数据类中滑坡的数量，并以此类滑坡的总面积与数据类的面积相比得到滑坡在此数据类中发生的概率。

(2)采用确定性系数法进行 CF 计算，从而确定因子层的每一数据类对于滑坡发生的影响程度，进行因子的敏感性分析。

(3)将因子数据层的 CF 值进行两两合并，按一定规则对合并后的 CF 值进行重新划分，通过与新滑坡数据的对比，可以确定每一种影响因子对滑坡发生的影响程度，确定滑坡发生的关键因子，最终选取 7 个因子作为基础地质因子：岩性结构、地质构造、坡度、坡向、斜坡类型、地面高程、植被。

(4)采用均一条件单元法对雅安市进行单元划分，将各因子图层进行叠加，得到进行统计计算的约 1 万个均一条件单元(每个均一条件单元均包含每一个影响因子的单一条件分组)。

(5)采用各因子数据类的 CF 值作为逻辑回归模型的自变量，危险度作为因变量，利用 SPSS 统计分析，得到危险性逻辑回归模型。

(6)根据建立起来的逻辑回归模型，计算所有单元格的滑坡危险性概率，将计算结果进行分级(分为 5 级)，并生成研究区危险性区划图。

(7)利用当日降雨量(降雨强度)和前 3 日的累积降雨量(前期降雨量)这两个因子来代表降雨临界值。

(8)预报预警采用两个指标：临界值降雨指数和地质灾害发生指数。临界值降雨指数 R 的计算公式为：

$$R=R_1-(-0.62R_{L3}+84.4)=R_1+0.62R_{L3}-84.4 \tag{2-10}$$

式中：R_1 为当日降雨量；R_{L3} 为 3 日累积降雨量。

(9)利用危险性概率来确定地质灾害发生概率，发生指数计算公式为：

$$L=\frac{e^Z}{1+e^Z} \tag{2-11}$$

$$Z=0.098R_1+0.065R_2+0.033R_3+0.058R_4-8.33+\varepsilon' \tag{2-12}$$

式(2-12)中：$R_1 \sim R_4$ 分别为第 1 至第 4 天的每天降雨量；ε' 为考虑地质、地貌等因素后的修正系数，根据危险性区划结果，即根据危险性概率划分的各单元格的危险等级，确定其修正值。

(10)当计算得到的降雨指数 $R<0$ 时，不预警；当 $R\geqslant 0$ 时，将计算整个区域每个单元格的发生指数。根据发生指数的大小，分 5 级进行预报预警。

6. 因子综合累加模型

以山东省济南市为研究区：本预警模型由 6 个地质环境类影响因子和 4 个降雨因子组成，其中 6 个地质环境类影响因子分别为地层岩性、地形坡度、地质构造、灾害分布密度、人类工程活动、地震烈度，4 个降雨因子分别为前 15 天累计降雨量、当日雨量、未来 24 小时最大小时雨强、未来 24 小时降雨量。制作底图比例尺为 1∶5 万，西安 80 坐标系，把工作区以网格的形式剖分为若干个单元，网格为 250m×250m，生成全市地形坡度图、地层岩性图、地质构造图、人类工程活动图、地震烈度图、地质灾害分布图，将以上 6 个图层和 4 个降雨影响因子进行叠加分析，在叠加过程中，每个图层皆看作一个预警影响因子，因此，模型共由 10 个地质灾害气象预警因子组成。每个因子的重要程度不同，权重值大小不同，由 AHP 方法计算权重值大小（权重值大小除系统计算外，可人工调整），最终建立预警模型。将模型预警结果按级别分为不同颜色呈现于每一个 250m×250m 的网格中，系统可直接根据预警结果生成预警图，也可由人工圈定预警图。

$$Z = \sum_{i=1}^{10} \alpha_i M_i \tag{2-13}$$

式中：Z 为基于降雨诱发的地质灾害气象预警值；α_i 为第 i 因子权值，主要反映各因子对地质灾害影响的相对重要性，$\sum \alpha_i = 1, i = (1,2,3,4,\cdots,10)$，各因子的权值 α_i 由层次分析法等方法综合确定；M_i 为各因子量化指标值，$i=(1,2,3,4,\cdots,10)$。

7. BP 神经网络模型

人工神经网络是模仿大脑神经网络结构和功能建立的一种信息处理系统。BP 神经网络是目前应用最广泛也是发展最成熟的一种神经网络模型。BP 神经网络也称误差传播网络（Back - Propagation Neural Network），由 Rumellhart 和 Mclland 等于 1985 年提出。它是神经网络的一种重要方法，由 3 个部分组成，即感知单元组成的输入层、一层或多层计算节点的隐藏层和一层计算节点的输出层（图 2 - 1）。

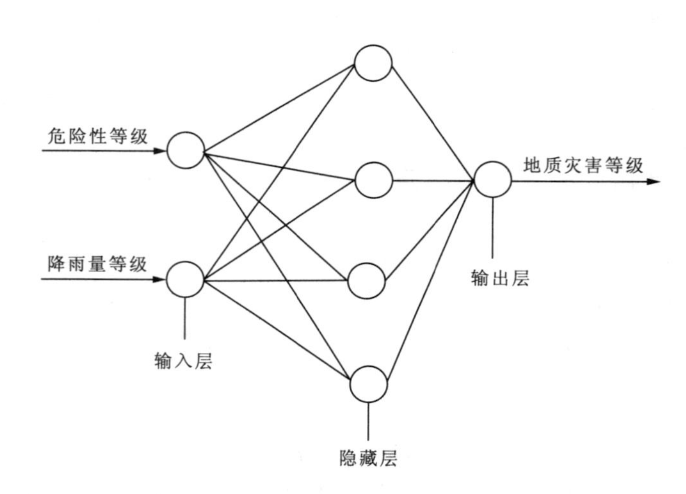

图 2 - 1　地质灾害神经网络预报模型图

以陕西省为研究区：陕西省是全国地质灾害较为严重的省份之一，属于西北黄土高原区，每年都会发生大量的崩塌、滑坡、泥石流等地质灾害，分布于陕北黄土高原、关中盆地断裂构造带以及陕南秦巴山区，具有灾害类型多、分布广、发生频率高和危害严重等特点。具体过程如下。

1）危险性评价

区域地质灾害危险性与该区域地质环境背景即地质灾害的影响因素有关，也与灾害点的分布有关。危险性评价模型是选取地质灾害影响因素，通过灾害点分布计算出各种影响因素作用下发生地质灾害的概率，得出区域地质灾害的危险性。其计算方法如下。

(1)灾害概率。设影响因素区域为 D,总灾点数为 Dz,含有 A_1、A_2、A_3 等子区域,计算出每个子区域的灾点数之和,赋给子区域的"灾点数"属性 A_1z、A_2z,若 A_1、A_2 子区域的"实际值"属性相同,其灾害概率均等于 A_1、A_2 灾点数之和除灾点总数。即:

$$A_1z=A_2z=(A_1z+A_2z)/D_z \tag{2-14}$$

(2)危险性等级。设单元格危险性等级为 B,各影响因素在单元格的灾害概率为 B_1、B_2、B_3,灾害权值为 b,则危险等级为各灾害概率之和乘灾害权值。即:

$$\mathrm{B}=(B_1+B_2+B_3)\times b \tag{2-15}$$

2)降雨量空间分析

降雨引发地质灾害时,与降雨量的空间、时间分布有关。该模型是将预报区的前期降雨量与预报降雨量进行空间分析,计算出与地质灾害关系更为密切的计算降雨量,用于预报区的地质灾害分等级预报。计算方法如下。

设 A 为前期降雨区域,属性值为前期降雨量和降雨等级,B 为预报降雨区域,属性值为预报降雨量和降雨等级。A、B 区域求交,得出计算降雨区域 C 及其属性值,即:$\mathrm{C}=\mathrm{A}\cap\mathrm{B}$,属性值为前期降雨等级与预报降雨等级的判定值。

3)地质灾害神经网络预报模型

地质灾害发生的可能性与灾害点所处区域的危险性和降雨量有关。

该模型将危险性等级和降雨量等级作为输入神经元,发生地质灾害的可能性等级作为输出神经元,通过神经网络运算预报地质灾害等级。计算方法如下。

对预报区域进行网格剖分,对每个单元格进行独立训练,其训练样本分别提取该单元格的危险性等级值 X_{1qp}、降雨量等级值 X_{2qp}、地质灾害等级值 Y_{qp}。在 BP 神经网络中选取 2 个输入神经元、1 个输出神经元,以及输入层 2 个节点、隐藏层 4 个节点、输出层 1 个节点。权值矩阵 $\boldsymbol{W}[2][4]$,$\boldsymbol{V}[4][1]$,对于每一个单元格,由于神经元的响应函数为 Sigmoid 函数,其响应值在 0(抑制)和 1(激活)之间,为了能更好地训练样本,将输入输出层的各神经元所代表的实际值做归一化处理,据以下公式进行变换:

$$f(X_{qp})=0.1+0.8\times(X_{qp}-X_{\min})/(X_{\max}-X_{\min}) \tag{2-16}$$

将处理后的值(X_{qp},Y_p)赋给神经元,将其输入网络。

神经元的网络输入:

$$net_i=X_1\boldsymbol{W}_{1i}+X_2\boldsymbol{W}_{2i}+\cdots X_n\boldsymbol{W}_{ni} \tag{2-17}$$

神经元的网络输出:

$$O=f(net)=\frac{1}{1+\mathrm{e}^{-net}} \tag{2-18}$$

具体训练过程如下。

(1)若神经元位于输入层:该神经元的输入为 $P_i=X_{pi}$,输出为 $O_{pi}=P_i$。

(2)若神经元位于隐藏层:该神经元的输入为 $P'_j=\sum\boldsymbol{W}_{ij}O_{pi}$,输出为 $O'_{pi}=f(P'_j)$。

(3)若神经元位于输出层:该神经元的输入为 $P''_j=\sum\boldsymbol{V}_{ij}O_{pi}$,输出为 $O''_{pi}=f(P''_j)$。

式中:i 为输入层神经元序列号;j 为输出层神经元序列号。

误差传播分析,即计算实际输出与相应的理想输出 Y_p 的差。网络关于第 p 个样本的均方根误差为:

$$E_p = \sum (Y_{pi} - O_{pi})^2/(N-1) \tag{2-19}$$

因神经元的个数 N 为3，故 $N-1=2$。

整个网络的误差为：

$$E = \sum E_p$$

如果此误差满足设计要求，则保存权值矩阵 $\boldsymbol{W}$ 和 $\boldsymbol{V}$；如果误差不满足要求，则按极小化误差的方式调整权值矩阵，重新计算隐藏层和输出层的神经元，直到误差满足要求为止，则训练完毕。

利用训练好的神经网络模型进行地质灾害等级预报预测，分别提取单元格的危险性等级值 X_{1pq}、降雨量等级值 X_{2pq}，调入训练好的权值矩阵，计算相应的预测结果 O_p。

(1)若神经元位于输入层：该神经元的输入为 $P_i = X_{pi}$，输出为 $O_{pi} = P_i$。

(2)若神经元位于隐藏层：该神经元的输入为 $P'_j = \sum \boldsymbol{W}_{ij} O_{pi}$，输出为 $O''_{pi} = f(P'_j)$。

(3)若神经元位于输出层：该神经元的输入为 $P''_j = \sum \boldsymbol{V}_{ij} O_{pi}$，输出为 $O''_{pi} = f(P''_j)$。

8. 多元线性回归预测模型

回归分析是研究随机变量之间关系的一种数理统计方法，它能从不存在明显确定关系的大量观测数据中找出相关变量之间的内部规律性。它可以根据一个或多个变量值(自变量)预测另一个变量(因变量)的取值，并且估计这种预测能达到的精确度。它还可以在共同影响一个变量(因变量)的许多变量(自变量)中，找出哪些是重要的，哪些是次要的，以及它们之间的关系。

国家级地质灾害气象预警采用的是多元线性回归模型，模型原理如下。

1)回归预测方程的普遍模式

由于滑坡灾害影响因素中有些地质因素可以进行量化，有些难以量化而宜采用定性的方式进行表达，因此有时需要采用二态变量的多元统计方法建立预测模型。

根据最小二乘原理建立多变量的回归预测方程：

$$\hat{p}_i = a_1 x_{1i} + a_2 x_{2i} + \cdots + a_m x_{mi} \tag{2-20}$$

式中：$\hat{p}_i$ 为第 i 号单元产生滑坡的回归预测值；a_j 为回归系数($j=1,2,\cdots,m$)；x_{ji} 为第 i 号单元中变量的取值($j=1,2,\cdots,m$)。假设共有 n 个单元，变量数为 m，则有矩阵：

$$\boldsymbol{X} = \begin{bmatrix} x_{11} & x_{12} & \cdots & x_{1m} \\ x_{21} & x_{22} & \cdots & x_{2m} \\ \vdots & \vdots & \vdots & \vdots \\ x_{n1} & x_{n2} & & x_{nm} \end{bmatrix}$$

$$\boldsymbol{P} = \begin{bmatrix} p_1 \\ p_2 \\ \vdots \\ p_n \end{bmatrix}$$

式中：$p_i(i=1,2,\cdots,n)$取值为0或1，即该单元为已知灾害体单元时取值为1，否则取值为0。

把 $\boldsymbol{X}$ 和 $\boldsymbol{P}$ 代入方程式(2-20)，运用最小二乘原理，由下列线性方程组求解回归系数 a_j：

$$\begin{bmatrix} \sum_{j=1}^{n} x_{j1}x_{j1} & \sum_{j=1}^{n} x_{j2}x_{j1} & \cdots & \sum_{j=1}^{n} x_{jm}x_{j1} \\ \sum_{j=1}^{n} x_{j1}x_{j2} & \sum_{j=1}^{n} x_{j2}x_{j2} & \cdots & \sum_{j=1}^{n} x_{jm}x_{j2} \\ \vdots & \vdots & \vdots & \vdots \\ \sum_{j=1}^{n} x_{j1}x_{jm} & \sum_{j=1}^{n} x_{j2}x_{jm} & & \sum_{j=1}^{n} x_{jm}x_{jm} \end{bmatrix} \times \begin{bmatrix} a_1 \\ a_2 \\ \vdots \\ a_m \end{bmatrix} = \begin{bmatrix} \sum_{j=1}^{n} P_j x_{j1} \\ \sum_{j=1}^{n} P_j x_{j2} \\ \vdots \\ \sum_{j=1}^{n} P_j x_{jm} \end{bmatrix} \tag{2-21}$$

把通过式(2-21)求解得到的回归系数代入式(2-20)，并对式(2-20)进行显著性检验，在满足检验条件下，利用回归方程进行地质灾害气象预警。

2)回归预测方程的显著性检验

回归方程的显著性检验就是考察所建立的方程进行地质灾害气象预警的好坏程度，一般可用 F 统计量进行回归方程的显著性检验：

$$F=\frac{SSR/p}{SSE/(n-p-1)} \tag{2-22}$$

式中：SSR 为回归平方和，为回归估计值与因变量原始观测值平均数之差的平方和，代表由于自变量的变化而引起的趋势性变化，SSR 越大，说明回归预测值与自变量之间的关系越显著，建立的回归预测模型预测效果越好；SSE 为剩余平方和，代表除自变量以外的其他因素引起的随机变化；n 为样本数目；p 为自变量数目。

第二节　系统开发工作流程分析

地质灾害气象预警系统研发的工作程序包括需求分析、问题表述、目标设定、系统设计、产品评价、预警决策、应急行动、成本收益分析、系统完善与升级 9 个步骤(图 2-2)。

地质灾害气象预警的层级系统可分为行政版和自然版。行政版分为国家、省(自治区)、市(县)级，甚至乡镇级。自然版按服务的对象，根据自然地质环境区划考虑，如一个地貌单元或一个水系流域。一个多层级预警系统组成的完整预警体系的实现必须采取集中合作研发，统一使用数理统计分析原理，分级分尺度地应用检验与决策服务的技术路线。

第三节　需求分析

一、运行支撑环境分析

运行支撑环境包括系统运行所需要的网络环境、硬件设施和软件平台。网络环境一般是在现有网络设施的基础上，根据系统建设的需要进行完善；硬件设施指系统服务器、网络设备等，可利用现有设备和硬件基础，补充必要的硬件设备，结合虚拟化技术，配置服务器硬件投入数量；软件平台主要包括操作系统、数据库管理系统、地理信息系统、软件开发平台等。

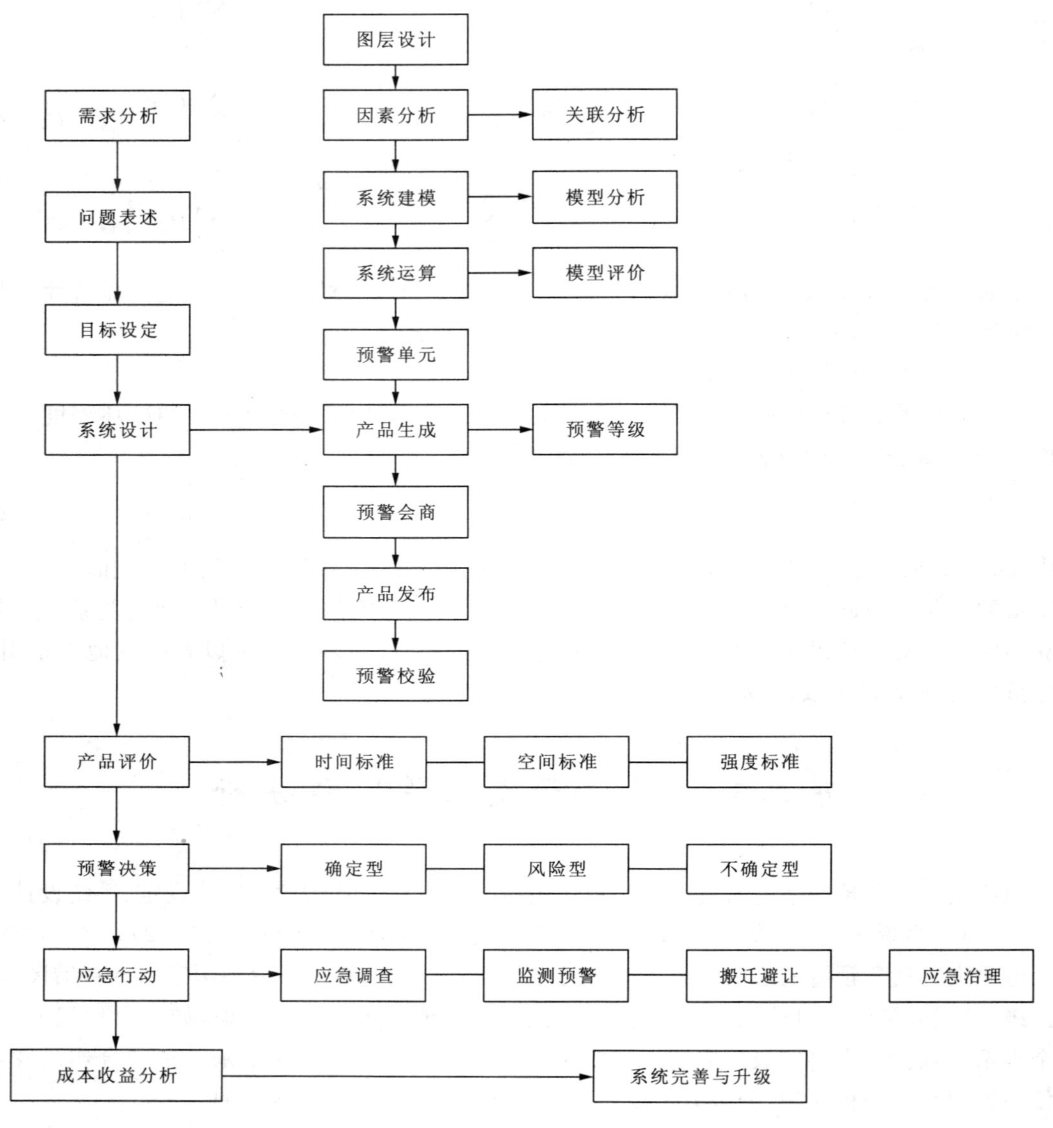

图 2-2　地质灾害区域预警显式统计系统设计与应用程序

二、数据需求分析

地质灾害气象预警系统需要的数据主要包括两类数据:基础空间数据和雨量数据。基础空间数据以 GIS 软件格式的图层形式存在,雨量数据以文本文件的形式实时更新。

基础空间数据包括基础地质数据、基础地理数据和预警专题数据。基础地质数据、基础地理数据、预警专题数据主要是空间矢量、影像数据。

(1)基础地质数据主要包括水文地质数据、工程地质数据、环境地质数据等。

(2)基础地理数据主要包括居民地、境界、水系、交通、植被等。

(3)预警专题数据分为雨量站点数据、地质灾害数据和专题图层数据三大类。雨量站点数据由气象局提供,包括县级实况雨量数据、乡镇级实况雨量数据和雷达反演预报雨量数据,这些数据更新频率频繁,是以日更新的,更新方式为增量更新。地质灾害数据包含的数据类别比较多,包括滑坡、崩塌、斜坡变形体、泥石流、地面塌陷、地裂缝及其他灾害数据,月报速报数据,应急调查、巡查、排查数据等。

三、功能需求分析

地质灾害气象预警系统是以地质灾害气象预警模型为研究对象,以地质灾害学为基础,在地球信息科学和计算机技术的指导下,并参照国家统一规范和数据格式建立的地质灾害信息管理系统。系统功能需求包括以下几点。

(1)建立地质灾害气象预警数据库,实现历史灾害信息查询统计,使之能够与地质环境背景因子、地理因子、气象因子等进行相关性分析。

(2)建立不同预警区域突发性地质灾害发生的地质环境模式,开发研制各区域地质灾害预警分析的数学模型及其计算机软件模型,形成较为完善的地质灾害气象预警技术方法体系。

(3)系统直接服务于地质灾害信息管理,利用本系统实现信息的录入、查询、统计、空间分析和输出等功能。利用 GIS 及计算机技术实现信息的统一管理和共享。

(4)利用系统的优势最终为相关政府部门的决策和灾害地区群众的减灾措施提供科学、及时、有效的信息指导。

本章小结

本章介绍了地质灾害气象预警系统的目的、对象和内容,详细介绍了基于气象因素的地质灾害区域预报预警的原理,分析了系统开发的工作流程,对系统的开发进行了需求分析。通过本章的学习,读者会对整个地质灾害气象预警工作的流程有清晰的认识,对地质灾害气象预警的隐式统计预报法、显式统计预报法有深入的了解,并从系统运行支撑环境、数据、功能等方面认识到系统开发的需求。

习题

1. 列举几个网络 GIS 的行业应用。
2. 预警产品发布的等级如何表示?
3. 地质灾害区域预报预警的原理有哪几种?
4. 请列举出几种显式统计预报模型。
5. 地质灾害气象预警系统的开发需要哪些数据作为支撑?

第三章 地质灾害气象预警系统概述

自20世纪90年代以来,GIS技术与地质灾害预报预警模型的结合成为一个新的地质灾害研究方向。这主要是因为GIS提供了对与地理空间相关的数据进行有效管理和综合分析的强大功能,从而将各种与空间信息相关的技术和学科有机地融合起来,通过空间操作与模型分析,为规划、管理、决策等提供了有价值的信息。

对于地质灾害而言,尽管不同种类、不同个体之间均存在着较大的差异,形成机理也各不相同,但都是在一定地质背景环境和某些诱发因素共同作用下发生的,而这些数据都与空间信息密切相关。基于GIS可以实现对地质灾害及相关影响因素数据的有效存储、组织和管理,并且可以利用其空间分析功能计算获得坡度、坡向、流域面积等额外数据。另外,GIS提供了多图层间的灵活操作,再配以专业分析模型,可同时从空间和时间上分析灾害的分布范围及发生概率,从而为地质灾害时空动态预警提供坚实的技术保障。

地质灾害的发生是一个多因素共同作用的复杂物理过程,受内因和外因控制。内因包括地形地貌、地质构造、地层岩性、水文地质、植被覆盖等;外因包括自然因素和人为因素,降雨是导致地质灾害发生的主要自然诱因。只有当地质体处于临界稳定状态或接近临界稳定状态时,外因才能诱发地质灾害。从国内外取得的经验来看,实行多学科、跨部门联合攻关,先易后难,由浅及深,采取由面到点的预测预报途径具有重要的现实意义。在综合研究和分析地质灾害内在与外在因素的基础上进行多因素的预测预报成为该学科的发展方向。

第一节 系统建设目标

地质灾害气象预警系统使用先进的计算机、GIS、网络和通信技术,建立了集地质灾害和气象信息获取与分析处理、网络化信息传输、信息发布于一体的地质灾害气象预报预警系统,实现了地质灾害信息管理与维护的自动化、信息传输与发布的网络化、信息分析处理的模型化、信息服务与决策的可视化,提供了实时地质灾害预报预警成果,从而为地质灾害减灾防灾工作提供了强有力的技术支撑。

该系统建设的主要任务是提高对各种地质灾害的监测、预警和应急服务能力,满足经济社会可持续发展对气象服务日益增长的需求,并以确保人民的财产安全作为建设的首要宗旨。

本系统主要以服务于地质灾害防治管理工作为目的,有助于提高地质灾害防治工作的及时性、科学性,促进经济效益、社会效益和环境效益的协调统一,最大限度地减少地质灾害对人民生命财产造成的危害,保障社会稳定,具有非常重要的现实意义和较广的应用前景,为地质灾害减灾防灾工作提供了强有力的技术支撑。

第二节　系统建设思路

将导致地质灾害发生的地质环境条件与诱导其发生的气象条件相结合，运用先进的WebGIS技术、数据库技术和网络技术，开发一个具有地质灾害气象预警功能的信息化平台。该系统的最终目的是实现在信息化基础之上的地质灾害预报预警功能。即能利用计算机自动化技术为防灾减灾决策者提供多层次、多方位和准确的抗灾减灾信息，还能极大地提高对防灾减灾工作管理的信息化水平，为地质灾害的防治管理提供辅助决策，让防灾减灾部门能够以最快、最有效的方案去处理灾情，让灾情损失达到最小。

第三节　系统体系架构

地质灾害气象预报预警系统以基础地理数据、雨量数据、地质灾害数据、预报预警业务数据、系统管理数据等各类数据为数据支撑，以 MapGIS IGSS 共享服务平台为基础运行支撑平台，以地质灾害共享服务平台实现功能集成与共享，建设包括气象监测预报信息上报、雨量信息管理、地质灾害综合业务管理、地质灾害气象预报预警分析、预警信息审核、预警信息发布、预报结果反馈处理等功能的业务应用系统（图 3 - 1）。

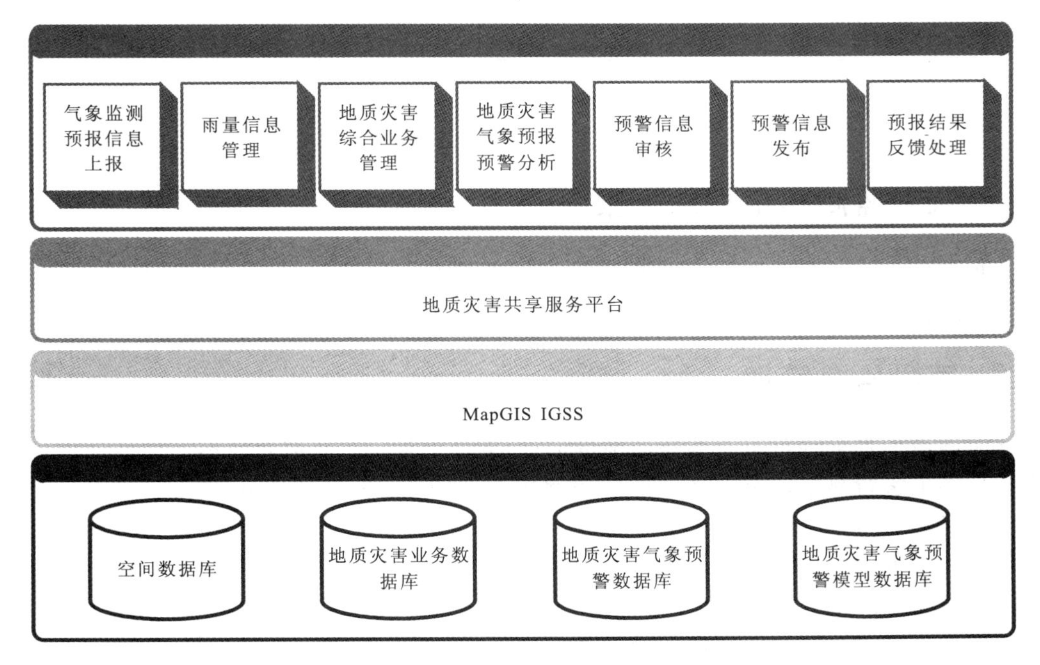

图 3 - 1　系统总体架构图

第四节 系统功能

系统功能主要包括气象监测预报信息上报、雨量信息管理、地质灾害综合业务管理、地质灾害气象预报预警分析、预警信息审核、预警信息发布、预报结果反馈处理等(图3-2)。

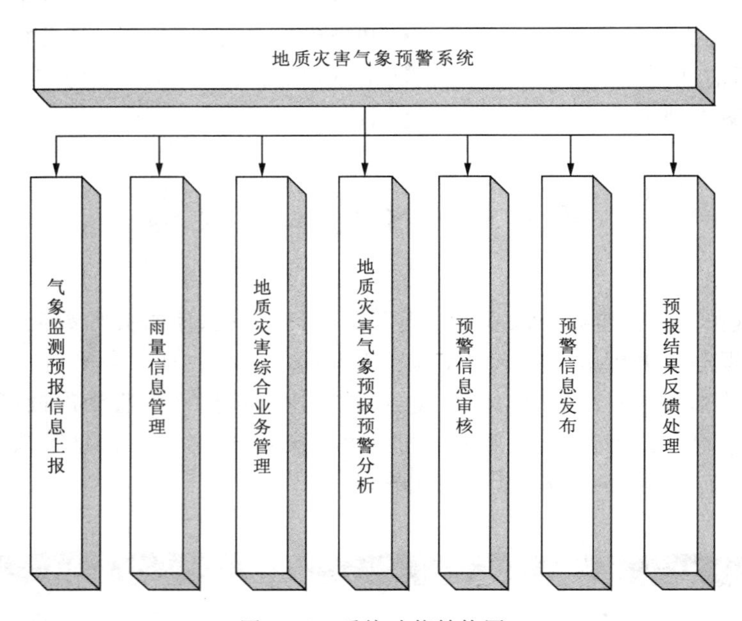

图3-2 系统功能结构图

一、气象监测预报信息上报

实现气象监测预报信息上报包括实际雨量数据和预报雨量数据的审核上报、上传，提供Ftp下载和本地上传两种方式，能在上传时对雨量数据进行校验、修改。

二、雨量信息管理

通过雨量信息管理可以查询特征雨量信息，查询结果以列表形式显示，也可以同时以特殊标志在地图上进行显示。可以将查询结果导出为excel表格进行下载，能以直方图的形式展示某个雨量站点连续几天的雨量大小。对于查询结果可以按照雨量站号、雨量站名、雨量大小等进行再度查询。

提供雨量实时监控功能，能对实时降雨状况进行监控预警，通过设定的预警雨量阈值和预警显示参数来实时更新最新雨量预警信息，并在地图上进行显示。

三、地质灾害综合业务管理

通过地质灾害综合业务管理能够实现对行政区地质灾害点特征信息与防治信息、区域地质灾害特征信息与防治信息、气象预报预警信息的查询、检索及统计。其中，地质灾害点特征信息包括基础调查信息、应急调查信息、勘察治理信息、监测预警信息等，地质灾害点防治信息包括地质灾害点的应急预案信息、防治预案信息、防治规划信息、防灾明白卡、避险明白卡、防治工作总结信息等；区域地质灾害特征信息包括地质灾害点的易发程度分区信息等，区域地质灾害防治信息包括区域防治规划信息、区域应急预案信息以及监测预警工作部署等。

四、地质灾害气象预报预警分析

通过地质灾害气象预报预警分析能自行选择预警模型和设置预警参数，根据预警模型进行地质灾害气象预警分析计算，生成地质灾害区域风险性预警图层，根据实际需要可进行预警分析结果的调整和修改。能根据预警分析结果图进行各预警等级的区县统计、各预警等级区域面积统计及灾害点统计，可查看历史预警结果图。

五、预警信息审核

预警信息审核指提供基于工作流的地质灾害气象预报预警成果的审批处理，包含审核请求提交、审批处理两个流程。审核通过后，自动发布该预报预警信息。

六、预警信息发布

预警信息发布指通过网站、短信、传真等方式发布地质灾害气象预报预警信息。通过相关网站向地质灾害防治相关单位发布每日的地质灾害气象预警信息，包含地质灾害气象预警分布图、预报预警词。通过短信平台向地质灾害防治相关责任人发布所负责区域的地质灾害气象预警信息，短信发送方式能及时传递地质灾害气象预警消息，便于提前做好灾害防治、避让和应急准备。

七、预报结果反馈处理

预报结果反馈处理指提供地质灾害灾情或险情报告与地质灾害气象预报预警结果的对比分析，包括预报成功灾害点的空间叠加分析、检索及区域统计等。

第五节　关键技术

一、动态高效的 WebGIS 技术

采用先进的 WebGIS 技术，实现了地质灾害预警信息、地质灾害综合业务信息、雨量信息的空间化和网络化。

在地质灾害气象预警系统中，要处理大量的信息数据，受到网络的传输协议、实时访问量、带宽占用等的约束，把用户请求和结果数据有效地传输，成为影响系统性能的重要因素。一个成功的地质灾害气象预警系统，不仅要具备空间数据操作、发布功能，而且还要具备处理大量

用户的并发访问和“长事务”(多用户环境下的空间分析是一个长时间的事务,称“长事务”)技术的能力,确保系统响应的速度和对服务器资源的最少占用,使服务工作顺利开展。如何实现多用户并发访问、快速有效地传输数据是迫切需要解决的关键技术问题。

MapGIS IGServer 是依托超大型的地理信息系统平台 MapGIS K9,构建在 DCS(数据中心运行平台)之上的 GIS 产品,是一个面向服务的分布式 WebGIS 开发平台。MapGIS IG-Server 提供的跨平台网络 GIS 服务具有以下特点。

(1)具有高效海量空间数据的存储与索引功能、大尺度多维动态空间信息数据库存储和分析功能、版本管理和冲突检测机制的“长事务”处理机制功能、TB 级空间数据的处理能力。

(2)运用全新的开发理念,融合多种技术,在互联网地理信息系统领域中有效地实现了海量数据管理,二维、三维地理信息系统技术的无缝整合,丰富了多样的 GIS 功能,以及与应用业务系统的轻松集成,使地理信息系统在网络环境下的应用更加方便快捷、深入人心。

(3)采用面向 Internet 的分布式计算技术,支持跨区域、跨网络的复杂大型网络应用系统集成,提供可伸缩、多种层次的 WebGIS 解决方案,全面满足网络 GIS 应用系统建设的需要。

MapGIS IGServer 平台提供的网络 GIS 服务,能够处理信息管理及服务中大量用户的并发访问和“长事务”。

1. 多用户并发访问技术

用于地质灾害气象预警相关信息应用与服务的 WebGIS 系统建立在基于 Windows NT 平台的 Web 服务器 IIS 上,为确保系统响应的速度和对服务器资源的最少占用,通过对比分析 CGI 与 ISAPI 扩展的优缺点,确定了在 WebGIS 服务器扩展部分采用 ISAPI 的方案。

为了使 WebGIS 应用服务器与 ISAPI 配合,真正发挥服务器对大量并发访问的有效响应,采用了 Windows NT 特有的、先进的多线程和命名管道技术。在 WebGIS 应用服务器中,由主进程针对每一个用户请求创建一个线程来响应,服务器可以充分利用多线程机制让各子线程分别处理用户的请求,达到并行处理的效果,保证了系统对请求的快速反应。同时,各线程独立工作,完毕后自动结束,释放系统资源,保证了系统始终处于良好的运行状态,保证了在网络大量用户并发访问时,WebGIS 服务器能够快速有效地做出反应。

2.“长事务”处理技术

针对“长事务”完成时间长短不一的特点,采用将 HTML 技术和“PUSH”技术相结合的解决方案进行事务处理工作,即:用户发出空间分析请求,通过 Web 服务器传输到 GIS 服务器;GIS 服务器通过读取空间数据和属性数据,进行各项空间分析,将分析结果存储在特定的主页中;事务完成之后,用户端可以使用标识和密码,查询空间分析结果,可进行下载、公布或删除等操作;若使用“PUSH”技术,服务器在事务处理完成后,将分析结果自动发送用户。

这一方案对于在 Internet 上大量使用地质灾害气象预警信息数据进行空间分析操作有着十分重要的意义。

二、面向服务构架

采用面向服务构架 SOA 设计思想,对地质灾害气象预警数据进行分布式部署、调用。

SOA 是一种面向服务的架构方式,作为应用程序中的不同功能单元,它将服务通过良好的接口和契约进行联系。其中接口采用中立方式定义,使得服务实现与平台、操作系统、编程语言无关,能够使用统一的标准方式进行服务调用。

SOA 的核心是“服务”,是一种具有互操作性、独立性、松耦合等特性的服务架构,服务只关注功能层面的接口,通过简单的接口进行通讯,不涉及底层的平台、操作系统、编程接口和通讯模型。因此,基于 SOA 架构的系统可以实现跨平台、跨网络、跨语言的服务调用,并具备服务聚合能力以集成异构平台服务。正是由于 SOA 的特性,使得服务式架构具备独特的优势。

SOA 并不是一种现成的技术,而是一种架构和组织 IT 基础结构及业务功能的方法。SOA 是一种在计算环境中设计、开发、部署和管理离散逻辑单元(服务)的模型。

SOA 具体实现方式如下所述。

(1)基于消息中间件的实现。中间件作为基础层次,在异构平台中的分布对象之间进行驱动的、透明的、异步的、基于消息内容的消息传输。

(2)基于 Web Service 的实现。Web Service 技术能够很好地克服异构系统之间平台、语言、协议的差异,实现无缝、松耦合的系统集成。Web Service 是一种技术规范,而 SOA 是设计原则。从本质上来说,SOA 是一种架构模式,而 Web 服务是利用一组标准实现的服务。

(3)基于 REST 构架 Web2.0 的实现。REST 将 Web2.0 底层的 IT 架构简化,使之变得非常简单。在 REST 的世界中,所有的东西都被看作资源,而对资源的操作简化为创建、获取、更新、销毁 4 种,之后使用最基础的、最简单的 HTTP 协议进行通信,交互简单。

SOA 具体的实现有很多,包括 Web Service、SessionBean、JINI 等,但随着 Web Service 技术越来越被重视,其已经成为构建 SOA 的主要技术。SOA 与 Web Service 的发展紧密相关。SOA 对系统体系结构提供一个思想模式和规范,Web 服务技术则注重于系统的实现,即提供一种定义服务和通信的机制。Web 服务可以集成基于不同应用、不同软件或分布在不同的硬件平台上、由各种不同的系统提供的服务,将复杂的问题简单化,轻松地实施 SOA。

三、多元异构数据集成技术

该技术实现了多源异构数据包括各种 GIS 数据(如 MapGIS 6X、MapGIS K9、ArcGIS 数据等)、各种数据库数据(如 Oracle、SQL Server、Access 等)、各种文件数据(如 Word、PDF、Excel、TXT、图像等)的集成,同时能管理多种动态数据,如雨量数据、雷达反演数据、水利数据、灾害详查数据、灾害月报速报数据等。

地质灾害气象预警系统的建设所涉及的数据种类繁多,包括非空间数据和空间数据。其中,非空间数据包括 word、excel、PDF 等格式的文档数据,BMP、JPEG 等格式的图片数据、视频数据等;空间数据包括基础地形、基础地质、地质灾害专题数据等。如何在不改变各个数据正常生产运行的情况下,整合诸如文档、数据库属性表等非空间数据和空间数据,统一管理这些数据成为一个复杂的问题,这就要求系统具有多源异构数据管理和集成的能力。

传统的空间信息应用系统都采取数据格式的转换来达到数据的集成或相互利用,但是这种方式存在着一定的弊端。首先,使用这种方式时需要知道源系统数据与目标系统数据的字段结构,必须为这两种数据格式的转换编写相应的转换工具;其次,不同的 GIS 对地理数据的表现形式的抽象、对地理空间表达的理解是不一样的,两个系统间的数据难以相互进行利用,转换后的数据存在信息丢失的隐患;最后,这种方式使同一份数据在系统中存在多个备份,不方便数据的维护与管理,也违背了数据分布和独立性的原则。一种有效的解决方法就是使用数据中心的 GIS 中间件技术有效管理 N 个数据仓库,它不改变原有的空间数据模型标准和数据表示方法，通过数据管理器提供异构数据管理、层次化的目录树管理、可扩展的数据入库清洗机制与方法、支持 URL 和 GUID 协议的数据访问等功能，将不同类型的数据实现集成共享，并通过异构数据的视图来表现。中间模块操作转换是在源数据与处理后的结果数据之间有一个独立的处理模块，以接口方式与二者进行连接。中间件是一种独立的系统软件或服务程序，软件平台开发者规定系统内部数据的读写接口，通过里面的驱动程序完成对不同来源的数据处理，从而实现了多格式数据直接访问、格式无关数据集成、位置无关数据集成和多源数据复合分析，完成了多源异构数据的无缝集成。

数据仓库集成管理的数据有异构空间数据和非空间数据，其中空间数据包括国内外常用 GIS 软件所支持的矢量数据（如 DWG、DXF、E00、Shape、Coverage、Geodatabase、Mid、Mif、MapGIS 6X、MapGIS K9 等）和国内外常用遥感影像处理软件所支持的栅格数据（如 TIFF、CEOS、HDF、RAW、TIF、GIF、JPG、MSI、PIX、IMG、ENVI 等），非空间数据包括各种文档（如 PDF、BMP、XML、HTML 等）和表格数据（如 Access、SQL Server、Oracle 等）等。

GIS 中间件集成多种数据源驱动，以注册的方式嵌入到数据中心集成开发平台中，当请求某种数据源时，GIS 中间件动态加载所请求的数据源驱动。当某种数据源的结构改变时，只需改变其数据源驱动，这样既不需要频繁地进行数据格式转换，又避免了很多重复性的劳动。而且它允许用户在转换过程中重新构造数据，使用户可以根据其特定的要求，提取相同数据源不同层面的内容，而不是以单一的格式输入数据。

1. GIS 中间件结构

根据驱动化的设计思想，GIS 中间件的设计为两层模式：数据源驱动管理器和数据源驱动。如图 3 - 3 所示。数据源驱动管理器与数据中心通信并分派数据源驱动。当平台请求某种类型数据源时，数据源驱动管理器加载相应的数据源驱动，并把数据访问结果返回给平台。每种数据源驱动负责对其相应空间数据的访问，完成对空间数据的实际读/写，并把结果返回给数据源驱动管理器。数据源驱动对用户来说也是透明的。

中间模块操作转换是在源数据与处理后的结果数据之间有一个独立的处理模块，以接口方式与二者进行连接。GIS 中间件是一个独立的系统软件或服务程序，数据中心开发者规定系统内部数据的读/写接口，通过里面的驱动程序完成对不同来源数据的处理，从而实现了多格式数据直接访问、格式无关数据集成、位置无关数据集成和多源数据复合分析，完成了多源异构数据的无缝集成。

数据中心采用了中间件技术实现不同语法结构的空间数据统一管理，即异构数据的管理，它通过基于 GIS 的中间件扩展管理器实现“即实现即用”中间件的配置管理。中间件包括配置管理和功能管理两个部分，配置管理实现界面特征回调和中间件配置管理接口，功能管理部分实现功能接口和地理数据源相关实体的抽象类方法。中间件扩展管理器包括地理数据源管理器和中间件管理器（动态库）：地理数据源管理器实现对 GIS 地理数据源的注册管理，包括内置数据源和用户自定义数据源（中间件数据源类型）两种；中间件管理器负责中间件数据源类型各种地理实体的功能接口调用管理工作（图 3 - 4）。

2. 常用 GIS 中间件

基于中间件的多源空间数据管理，用户无需再进行数据转换的操作，并且克服了无法对数据进行混合分析的问题。另外，中间件抽象层提供了相应的标准，实现可以插入其他格式数据

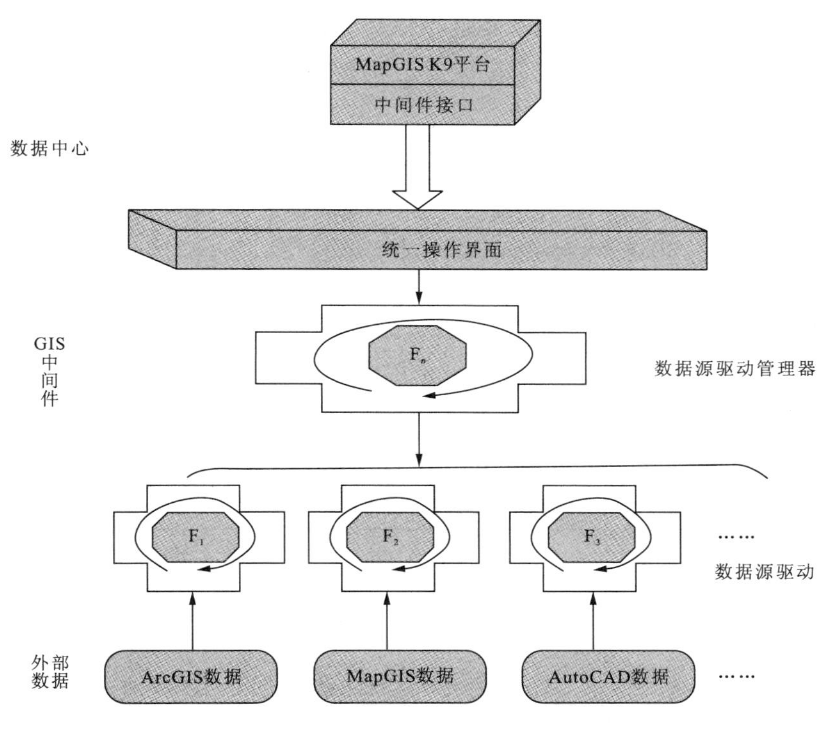

图 3-3 GIS 中间件框架图

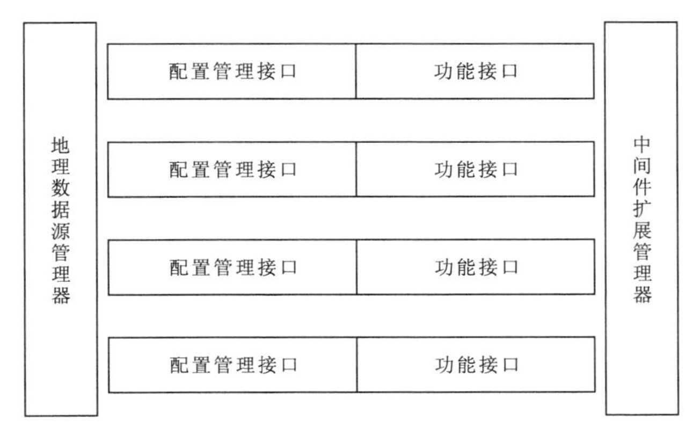

图 3-4 中间件配置管理和功能管理接口

的中间件插件。例如,通过中间件可以实现对 AutoCAD、MapGIS、ArcGIS、SuperMap 等数据模型的支持。数据中心支持的各 GIS 数据中间件主要有如下几种。

(1)MapGIS 中间件。MapGIS 是解决 GIS 互操作的一种技术。该技术基于统一的空间要素实体模型,设计统一的功能操作接口;运行操作时,根据数据类型在语义上最终分派给某类格式插件进行处理,从而可以通过同一访问接口,实现对异构数据的直接编辑。

(2)ArcGIS 中间件。基于中间件的一个应用实例。把 ArcGIS 作为 MapGIS 的数据源,实现在 MapGIS 环境下操作 ArcGIS 的数据。ArcGIS 中间件可访问的数据包括:Shape、Coverage、Personal GDB 和 SDE GDB。

(3)SDO 中间件。基于中间件的一个应用实例。把 Oracle Spatial 作为 MapGIS 的数据源,实现在 MapGIS 的环境下操作 Oracle Spatial 的数据。

3. GIS 中间件特点

(1)中间件服务考虑了跨平台性,并不关心客户端服务器的交互。

(2)中间件扩展管理器提供日志功能。

(3)服务可以通过数据源定义中的服务名称访问,也可以通过制定 GDSN 字符串访问,而无需事先定义。

(4)提供一套界面构架来实现异构数据的特殊处理。

数据源类型列表(表 3-1)是通过注册可扩展的,用户层面不需要关心是内置数据源类型还是通过中间件体系进行扩展的数据源类型。

表 3-1　数据源类型描述

数据源类型	数据源描述
Windows 服务	MapGIS Service 数据源
Oracle	MapGIS Oracle 数据源
SQL Server	MapGIS SQL Server 数据源
DMDB	MapGIS DM 数据源
ODBC	MapGIS ODBC 数据源
Web Service	MapGIS Web Service 数据源
ArcGIS LOCAL	ArcGIS 本地数据源
ArcGIS SDE	ArcGIS SDE 数据源
MapGIS 6X	MapGIS 6X 本地数据源

4. 异构数据中间件扩展

数据中心的数据仓库技术只在逻辑上把分布式多源、异构的数据统一到一起,但并没有实现数据混合分析处理。数据混合分析处理可通过中间件规范及技术来实现,即数据仓库分为两类数据:一类为可同化数据,另一类为非可同化数据。可同化数据是指能够描述同一现象的不同格式或不同数据组织模型数据,非可同化数据指不是描述同一现象的数据。可同化数据通过中间件技术,屏蔽不同格式及不同数据组织间的差异,以统一的方式直接操作访问;非可同化数据通过全局地址技术,由专门的模块实现操作。

对于异构、异质的不同平台的 GIS 数据,数据中心提供了中间件技术,它不需要转换原有的数据格式,通过一个翻译的动作在 MapGIS 的平台上表现和管理这些异构的 GIS 数据,操作这些数据可以像操作 MapGIS K9 平台的数据一样。数据中心目前支持 ArcGIS 的中间件,用户可以根据数据中心中间件的标准接口实现其他 GIS 的中间件。

对于用户自定义的数据类型和其他格式的文档数据,数据中心提供了一套标准的支持扩展的接口，用户可以在此基础上开发驱动，从而实现对其他数据类型的集中操作和管理。

本章小结

本章介绍了地质灾害气象预警系统建设的目标、思路，提出系统建设的主要任务是提高对各种地质灾害的监测、预警和应急服务能力，系统的主要建设思路是将导致地质灾害发生的地质环境条件同诱导其发生的气象条件相结合，运用先进的 WebGIS 技术、数据库技术和网络技术，开发一个具有地质灾害气象预警功能的信息化平台。同时，介绍了以 MapGIS 平台进行开发的系统体系架构，概述了系统的功能与系统开发的关键技术。通过本章的学习读者会对系统开发的框架和关键技术有一个初步的认识。

习题

1. 基于 MapGIS 开发的地质灾害气象预警系统的层次架构是怎样的？
2. 系统的各个功能模块之间有何关联？
3. 系统开发的关键技术有哪些？

第四章　系统设计

地质灾害发生的过程，都是一个循序渐进、从量变到质变的过程。地质灾害的发生要经历地质灾害孕育、地质灾害发展、地质灾害发生这3个时期。在这段漫长的时间当中，我们有足够的时间发现地质灾害点，并且对地质灾害点进行监测、预报、治理，从而避免地质灾害对环境和财产造成较大的损失。本系统研究的目的就在于在发生强降雨以后，对区域地质灾害点的变形数据进行变形分析，为地质灾害防治工作提供有效的决策支持。

本章以“福建省地质灾害气象预报预警系统”为例进行系统的设计，并以龙岩市为例进行地质灾害气象预警模型研究。

第一节　工作区概况

龙岩市位于福建省西南部，通称“闽西”。地理坐标：东经115°51′—117°45′，北纬24°23′—26°21′。东临漳州、泉州，南接广东梅州，西毗江西赣州，北连三明市，面积为1.9×10^4km²，辖五县一市一区，134个乡(镇、办事处)。总人口数286.72万人，生产总值为294.40亿元。鹰厦铁路、梅坎铁路、赣龙铁路、龙厦高速公路、龙长高速公路、319国道、205国道等构成了境内的交通动脉，交通十分方便。

工作区属中亚热带海洋性季风气候，年平均温度为18.7～21℃，年平均降雨量为1 031～1 369mm，年日照时数为1 456～1 646小时。由于所处纬度较低，而且武夷山脉挡住北方寒冷气流，全年气候温和、四季分明，无霜期长，雨量充沛，年降雨量一般在1 450～2 220mm之间，3月—4月为春雨季节，5月—6月为梅雨季节，7月—9月为台风暴雨季节，枯季为11月至翌年2月。

工作区水资源丰富，溪河众多，集水面积达到或超过50km²的溪河共有110条，总长度为1 504km，主要分属汀江和九龙江水系。河川年径流量为1.84×10^{10}m³，水利资源理论蕴藏量为2.08×10^6kW，可开发量为1.408×10^6kW。国家重点工程，装机6×10^5kW的棉花滩水电站第一台机组已并网发电。汀江是区内最主要的河流，也是福建省唯一一条由北向南流入境外的河流，在工作区内流经长汀、武平、上杭、永定诸县，沿程有南山河、濯田河、桃溪河、旧县河、黄潭河、永定河、金丰溪等支流汇入，集水面积达9 666km²，河长285km，平均坡降1.5‰。

工作区森林资源丰富，是福建省的三大林区之一，森林覆盖率78%，居全省第一位。自然植被为中亚热带常绿阔叶林带，受人为的破坏，目前成片的阔叶林所剩无几，大部分已为常绿针阔混交林或常绿阔毛竹混交林所代替。具有明显的垂向分带特征，1 000m以下，以常绿针阔混交林为主，平缓低丘大多种植茶树、油茶、果树和水稻；1 000～1 400m以马尾松和松木等针叶林为主，混生少量阔叶树和毛竹等，部分辟为茶园和稻田；1 400m以上，以草类植物为主，散生稀蔬黄山松和灌丛(约有 100m 宽)等,小部分辟为茶园。木材以松木为主,木材蓄积量居全省第二位;经济林有油茶、油桐等木本油料和板栗等,其木本油料占全省木本油料面积的14%左右。在本区中东部的梅花山自然保护区,保持一定面积的自然生态系统;而其他区域由于被改造成农田、果园、茶园、次生林,水土流失严重,形成人工强烈干预的生态系统。

土地利用以林地为主,耕地次之,园地面积较小,如图 4-1 所示。境内自然、人文景观独特且丰富,有永定土楼、上杭古田会议会址、连城冠豸山、梅花山国家级自然保护区、65km^2 的龙湖、被称为"华东第一洞"的新罗龙崆洞和棉花滩水库等。

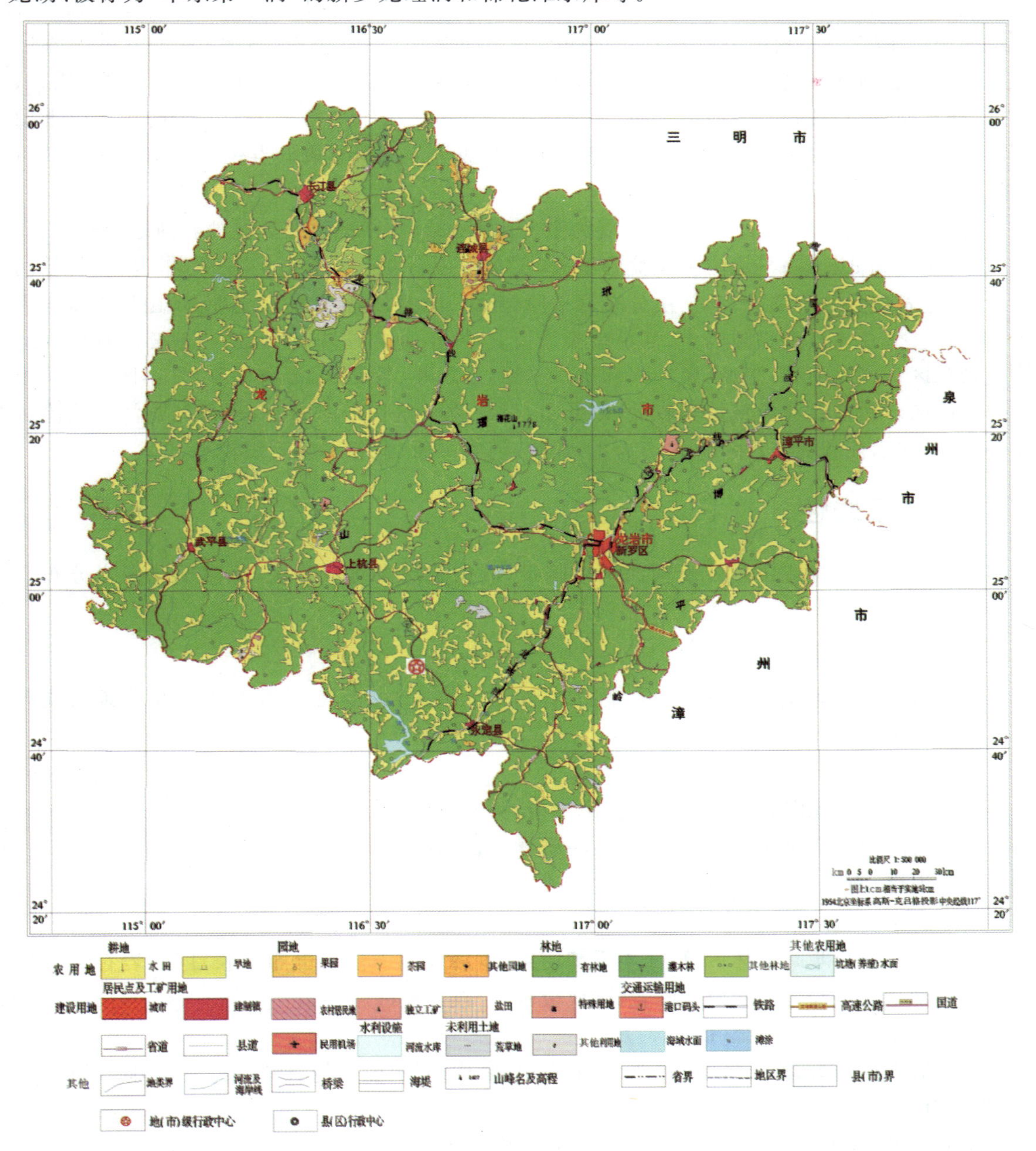

图 4-1　地区土地利用现状分布图

第二节 区域地质环境

一、地形地貌

龙岩市位于福建省西部，东西长约192km，南北宽约182km，总面积为19 050km^2，占全省陆地面积的15.7%。其中山地为14 964km^2，丘陵为3 101km^2，平原(盆地)为985km^2。本区位于武夷山脉南麓和博平岭山脉北麓之间，地势东高西低、北高南低。境内武夷山脉南段、玳瑁山、博平岭等山岭沿东北-西南走向，大体呈平行分布。全市平均海拔为652m，千米以上山峰有571座。最高峰为玳瑁山区的狗子脑主峰，海拔为1 811m；最低点位于永定县峰市镇芦下坝永定河口，海拔为69m。

地貌类型(图4-2)以侵蚀剥蚀地貌为主(占94.83%)，平原次之。侵蚀剥蚀地貌有中山、低山、高丘陵和低丘陵；平原主要是盆谷平原，仅龙岩市新罗区分布有河谷平原。从溪河至两侧山地，随着地势的不断升高，依次分布着平原、丘陵、山地，层状地貌较为明显；山地以低山为主，中山次之；丘陵以高丘陵为主，低丘陵次之。其中，山地和丘陵，是福建省重要的林区和经济作物产区；盆谷(河谷)平原，属冲积和洪积平原，土层厚、较肥沃，灌溉便利，是本区主要的粮食作物产区。西部汀江流域地势较低，以低山、高丘陵和盆谷平原为主；东部九龙江北溪流域地势较高，中山面积大，以中山、低山为主，丘陵、河谷平原、盆谷平原面积较小。

二、地层岩性

地区区域地质构造位置处于闽西南坳陷带，区内地层发育较齐全，燕山期花岗岩分布广泛。

1. 地层

该地区是福建省地层出露最为齐全的地区，自元古宙、古生代、中生代及新生代地层均有出露，以古生代地层最为齐全。

1)前寒武系(An∈)

前寒武系包括桃溪岩组、楼子坝组、南岩组、黄连组、林田组。

桃溪岩组为一套中深变质的火山-砂泥质复理石建造，岩石变形强烈。

楼子坝组、南岩组、黄连组，为一套浅变质类复理石建造。

2)寒武系—奥陶系(∈—O)

可将其划分为寒武系林田组，奥陶系魏坊组、罗峰溪组。主要分布于长汀县，岩石组合为千枚状泥岩、变质杂砂岩、变质粉砂岩、碳质板岩、千枚岩夹硅质岩。

3)上泥盆统—中三叠统(D_3—T_2)

其包括天瓦岽组、桃子坑组、林地组、经畲组、老虎洞组、船山组、栖霞组、文笔山组、童子岩组、翠屏山组、罗坑组、溪口组、安仁组。

天瓦岽组、桃子坑组、林地组为一套河口-滨海相粗碎屑沉积。

经畲组、老虎洞组、船山组、栖霞组主要为碳酸盐沉积。

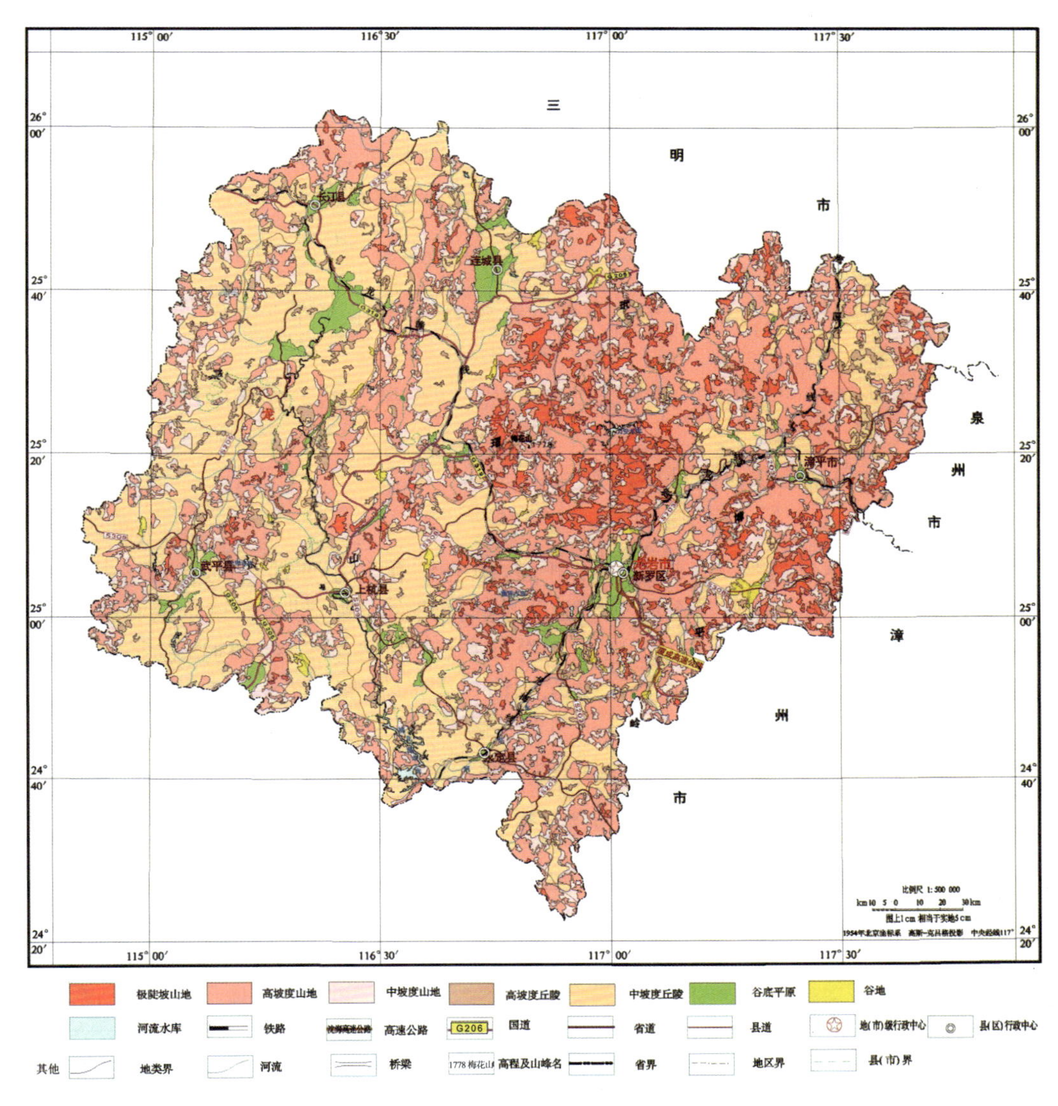

图 4-2　地区地形地貌分布图

文笔山组为海相泥岩。

童子岩组、翠屏山组为一套海陆交互相含煤细碎屑沉积，是福建省的主要含煤层位。

罗坑组为一套浅海相细碎屑沉积。

溪口组为一套浅海-半深海相细碎屑沉积。

安仁组仅见于漳平安仁等地，为一套陆相细碎屑沉积。

4)上三叠统—中侏罗统(T_3—J_2)

其包括大坑组、文宾山组、象牙群(下村组、藩坑组)、漳平组。

大坑组、文宾山组为一套湖泊-沼泽相含煤碎屑沉积。

象牙群是一套海陆交互相沉积-火山岩系，分为下村组、藩坑组。下村组以陆相沉积为主，藩坑组为安山岩、玄武岩夹凝灰岩、粉砂岩。

漳平组为一套湖泊-河流相杂色碎屑岩沉积。

5)上侏罗统(J_3)

该统主要为南园组,为一套陆相火山岩系,分3个岩性段。第一段为安山岩、英安岩、英安质凝灰熔岩及凝灰岩;第二段为流纹质晶屑凝灰岩、凝灰熔岩、流纹岩、熔结凝灰岩,夹砂页岩;第三段为流纹英安质凝灰熔岩、熔结凝灰岩,夹少量薄层砂页岩。

6)白垩系(K)

该系包括石帽山群、赤石群。

石帽山群分为寨下组、黄坑组,为一套紫红色碎屑沉积-中酸性火山喷发-紫红色碎屑沉积-酸偏碱性火山喷发岩系。

赤石群分为沙县组和崇安组,是一套以紫红色为主的陆相盆地碎屑沉积。

7)第四系(Q)

该系分布于山间盆地及河流沿岸。

2. 侵入岩

地区构造-岩浆活动强烈,自新元古代开始,地壳演化各主要阶段均有岩浆活动(表4-1)。岩浆侵入活动时期主要为印支期及燕山早、晚期,其次为晋宁期、加里东期和喜马拉雅期,呈现出多期次、多阶段侵入活动特征。侵入岩分布广泛,其展布受区域构造控制明显,主体多呈北东向、北西向带状,其次呈北北东向、北东东向。各期次特征简述如下。

表4-1 地区各期次侵入岩岩体简表

期	阶段	次	代号	时限(Ma)	岩石类型	侵入岩体
燕山晚期	Ⅰ	二	$\eta\gamma_5^{3(1)b}$	100～135	二长花岗岩	羊古岭岩体
燕山早期	Ⅲ	三	$\gamma_5^{2(3)c}$	135～160	黑云母花岗岩	河田岩体、永福岩体、蛟洋岩体、溪口岩体、姑田岩体、永定岩体、武平岩体
		一	$\eta\gamma_5^{2(3)a}$		黑云母二长花岗岩	才溪岩体、中堡岩体、武平岩体
	Ⅱ		$\gamma_5^{2(2)}$	160～190	黑云母花岗岩	姑田岩体
海西期—印支期			$\eta\gamma_{4-5}^{1}$	190～370	(黑云母)二长花岗岩	宣和岩体、古田岩体、红山岩体、中都岩体
加里东期			$\eta\gamma_3$	370～570	片麻状黑云母二长花岗岩	桃溪岩体、桂坑岩体、茶地岩体

1)加里东期岩体地质特征

区内加里东期岩体主要见于桂坑岩体、桃溪岩体、茶地岩体,分布于区内西部桂坑、桃溪,南部茶地等地。地貌属低山丘陵,水系较发育,风化蚀变较强烈。岩体多呈岩基产出。岩体围岩为前寒武纪变质地层、晚古生代地层及中生代地层。

岩石主要为片麻状黑云母二长花岗岩。岩石呈浅灰色、浅肉红色。似斑状、眼球状结构,片麻状、片麻眼球状或片状、流状构造。钾长石斑晶多呈眼球状或碎裂呈重结晶糜棱颗粒集合体与呈扁豆状定向展布的石英复晶集合体、黑云母相间分布，构成醒目的眼球状、片麻状构造。岩石矿物组成主要为斜长石、钾长石、石英、黑云母及少量白云母、角闪石。

2)海西期—印支期岩体地质特征

海西期—印支期侵入岩体主要有红山岩体、宣和岩体、古田岩体及中都岩体，分布于区内西部腊溪、红山，中部朋口、宣和、古田、万安等地。岩体多沿断裂带呈北东向展布，以岩株或岩基状产出，围岩主要为晚古生代地层，岩石类型主要为(黑云母)二长花岗岩。

以宣和岩体为例，岩石类型主要为似斑状中粒黑云母二长花岗岩、大斑似斑状中粗粒黑云母二长花岗岩。岩体中含有较多不规则状微晶闪长岩和少量石英二长岩，以及同成分但粒度较细的包体。岩体发育有花岗斑岩、石英脉等晚期脉岩。

3)燕山早期岩体地质特征

燕山早期侵入岩在区内分布广泛，受控于区域断裂带，多呈北东向、北西向展布。岩体围岩为前寒武纪、晚古生代及中生代地层。侵入岩体呈岩基及岩株产出，多为复式岩体，岩相带较发育，岩石风化程度较高。

燕山早期第二阶段岩性主要为似斑状中粒黑云母花岗岩。岩石呈淡肉红色、浅灰色，以似斑状结构为主，岩石相带较发育，自含斑细粒→少斑中细粒→似斑状中粒→斑状细粒发育较全。

燕山早期第三阶段岩性主要为似斑状中粒黑云母花岗岩。岩石呈淡肉红色，以似斑状结构为主，岩石相带较发育，自含斑细粒→少斑中细粒→似斑状中粒→斑状细粒发育较全。

4)燕山晚期岩体地质特征

燕山晚期岩体仅见于羊古岭岩体，面积较小，岩石类型主要为二长花岗岩。据 1∶5 万等四幅的区调报告，岩石相带发育，自含斑细粒→少斑中细粒→(巨斑)似斑状中粒→斑状细粒发育较全。

三、地质构造

地区区域地质构造位置上处于闽西南坳陷带西南段，区内地质构造以断裂为主、褶皱为辅。断裂构造控制了侵入岩和地层的分布格局，从而控制了现代地貌的分布，断裂带方向以北北东向为主，北西向为次。褶皱主要发生在沉积岩出露区，形成轴向北北东向的复式向斜和复式背斜。

1. 区域性断裂构造

1)光泽-武平断裂带

该断裂带呈北北东向，长大于 370km，断裂带倾角大于 70°，主要呈逆冲性质，控制了中生代沉积。两端分别延入江西、广东两省。

2)政和-大埔断裂带

该断裂带呈北北东向，长大于 400km，宽 20～30km，是划区省内一级构造单元的断裂带，即该断裂带是划分闽东火山喷发带与闽西南坳陷带的边界，也控制了闽西南地区古生代的沉积。两端分别延入浙江、广东两省。

3)上杭-云霄断裂带

该断裂带呈北西向，长 200km，宽 20km。断裂带控制了区内晚中生代的沉积-火山喷发及岩浆侵入作用。西北端延入江西省境内。

4)连江-永定断裂带

该断裂带呈北东东向,长400km,主要为逆冲性质,控制了白垩纪岩浆侵入与喷发作用。西南端延入广东省。

5)泰宁断裂带

该断裂带呈南北向,长330km,宽5～20km,其南段通过本区,主要制约了区内古生代地层的分布。

2. 褶皱构造

1)明溪-武平复式向斜

该向斜轴向北东,由古生代地层褶皱形成的一系列次一级向斜、背斜组成,受断裂破坏,形态不完整。

2)胡坊-上杭复式背斜

该背斜轴向北东,由古生代地层褶皱形成的一系列次一级向斜、背斜组成,受岩体侵入破坏,形态不完整。

3)大田复式向斜

该向斜轴向北东,由晚古生代地层褶皱形成的一系列次一级向斜、背斜组成。

第三节　降雨诱发地质灾害的现状及特征

一、地质灾害现状

龙岩市是福建省西部的多山地区,峰峦叠嶂,流水切割剧烈,沟谷纵横,地形起伏大,自然斜坡十分发育,地层出露较齐全,构造复杂,具备发育地质灾害的环境地质条件。作为亚热带季风气候区,降雨量大而集中,矿产资源丰富,矿业开发强度较大,山区居民住宅多为砖木、砖混结构,习惯就地削坡建房,为地质灾害发生提供了外部条件,故属地质灾害多发地区,主要降雨诱发的地质灾害类型有滑坡、崩塌和泥石流。据不完全统计,至2008年12月,全市共发现和发生地质灾害707处(表4-2),造成人员死亡75人,受威胁人口24 829人,损坏房屋2 744.5间,直接经济损失2 323.78万元,威胁财产14.18亿元。地质灾害已成为该市主要灾害之一,严重威胁了一些地区人民群众的生命财产安全,制约了灾害地区社会经济发展,防治形势严峻。

1. 滑坡

滑坡是龙岩市地质灾害中最主要的灾种。根据龙岩市县市地质灾害调查数据,全市调查和发现的滑坡点646处,占地质灾害总数的84.22%。滑坡多分布于起伏剧烈的低山丘陵区,点多面广。滑体以土质为主,岩土混合次之。由于致灾体往往距离建筑物较近,运动速度快,突发性强,危险性和危害性均较大,是地质灾害防治的重点。

表 4-2　龙岩市地质灾害统计表

类别	县(市、区)	长汀	连城	武平	上杭	新罗	漳平	永定	合计
地质灾害类型	滑坡(处)	70	82	95	75	36	85	203	646
	崩塌(处)	10		16	7	3	2	5	43
	泥石流(处)	1	9			3	2	3	18
	合计(处)	81	91	111	82	42	89	211	707

注:统计数据截止到 2008 年 12 月(以下表格同)。

2. 崩塌

目前全市已知崩塌点 43 处,占地质灾害总数的 5.61%。崩塌多分布于山区居民房前屋后、公路铁路沿线、露天矿山等边坡较陡的地段,以小型土质崩塌为主,偶见岩质崩塌。由于突发性强,防范难度大,常造成较大危害。如 2003 年 5 月 16 日发生于武平县桃溪镇桃溪村的土质边坡崩塌,塌方量约 $600m^3$,造成 3 人死亡。

3. 泥石流

全市已知泥石流灾点 18 处,占地质灾害总数的 2.35%。泥石流主要分布在地形切割剧烈、坡降大、雨量相对集中、风化层厚度大的低山区和矿山固体废弃物堆场下游地区。以中、小型为主,其危害面积较大,伤亡人数较多,经济损失较大。

二、地质灾害主要特征

1. 地质灾害分布特征

龙岩市地质灾害点多面广。地质灾害点主要分布在地形起伏且坡度大、流水切割剧烈、沟谷纵横的多山地区,山前削坡建房地带,公路、铁路等交通干线(图 4-3)。

区内地层出露较为齐全,构造复杂,矿产资源丰富,矿业开发强度较大,露天矿山开采边坡引发的滑坡、崩塌和弃土(渣)形成的泥石流时有发生。

2. 降雨诱发地质灾害时间分布特征

滑坡、崩塌、泥石流多发生在雨季,尤其是 5 月—8 月台风暴雨季节。根据地质灾害在各个月份的发生统计资料,龙岩市滑坡高发期为 8 月份(占参与统计灾点数的 45.3%),其次为 6 月份(12%)、4 月份(11.3%)和 5 月份(10.5%),可见区内滑坡灾害发生时段相对集中在 5 月—8 月之间,而 1 月、2 月、11 月、12 月的地质灾害发生率较低。每年 4 月—10 月的降雨季节较易诱发滑坡灾害,并以 5 月—8 月强降雨季节最为严重。而在 3 月、4 月、9 月、10 月的这 4 个月里,有暴雨或强台风降雨来袭,则滑坡灾害数量便会大量增加(图 4-4)。

3. 降雨诱发地质灾害的发育特征

1)滑坡

(1)总体上,龙岩市滑坡空间分布广泛、数量多,山区普遍发育,具有区域性和群发性的特征。

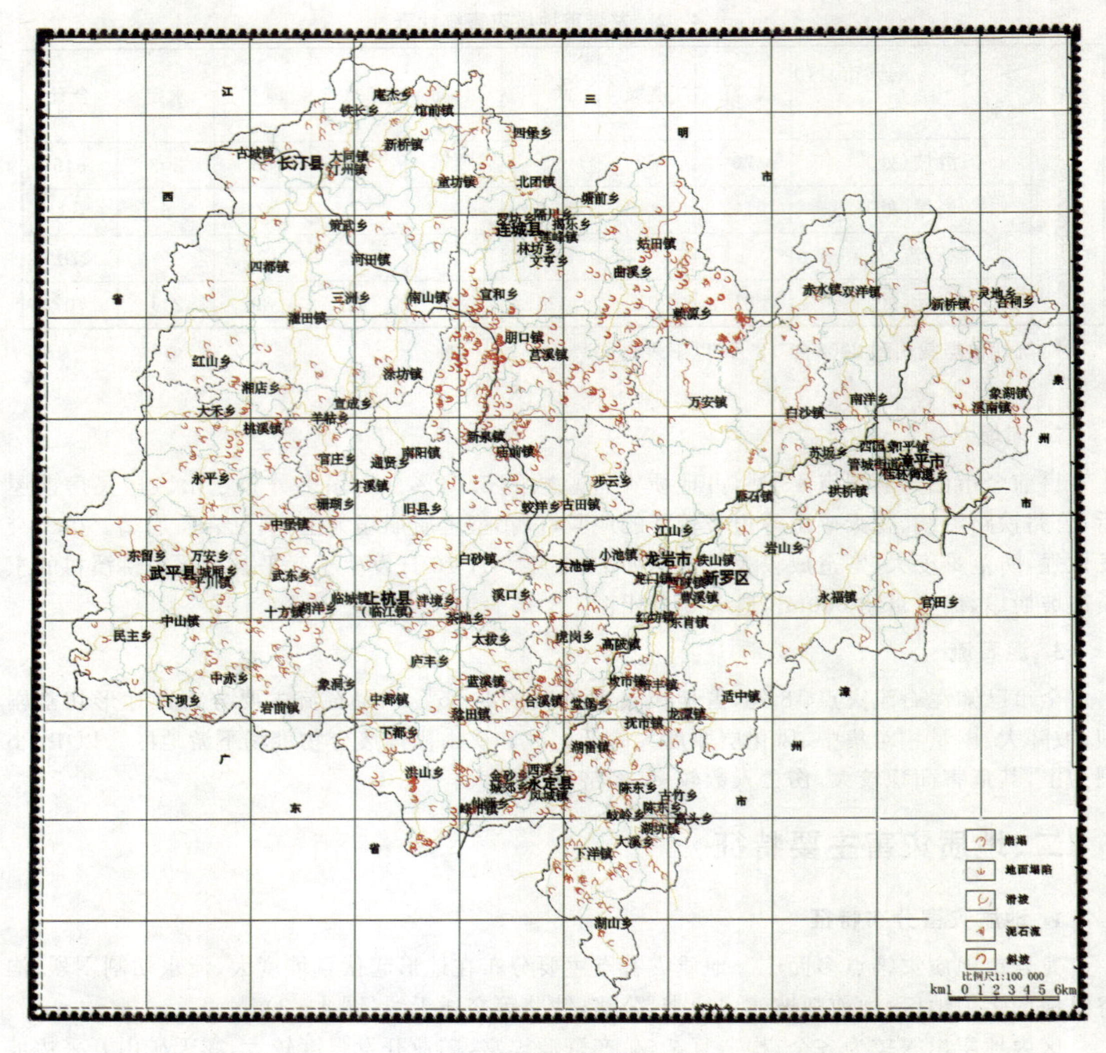

图 4-3　龙岩市地质灾害分布图

(2)以土质滑坡为主。龙岩市斜坡多为残坡积土,该类土体为松散结构,透水性较好,当降雨大量入渗后,土体抗剪强度显著降低,地下水侧向径流,产生静水压力和动水压力,增加下滑力,进而产生滑坡。据滑坡资料统计,土质滑坡占 93.03%、岩质滑坡占 1.86%、混合质滑坡占 5.11%(表 4-3)。

(3)以小型浅层滑坡为主。龙岩市斜坡残坡积土,由于浅层地表易受降雨及人类工程活动的影响,容易诱发小型浅层滑坡。据统计,滑坡体厚度小于 6m 的浅层滑坡占调查统计总数的 93.96%;小于 10 万 m^3 的小型滑坡占滑坡总数的 97.68%;大于 100 万 m^3 的大型滑坡全省有 2 处,占 0.31%。

(4)直接诱发因素以暴雨为主。滑坡与崩塌多数发生在强降雨或台风暴雨阶段,同类型灾害发生地域较集中并普遍具有群发性特征,区域空间及时间上灾害的发生呈现出不均匀性的特点。

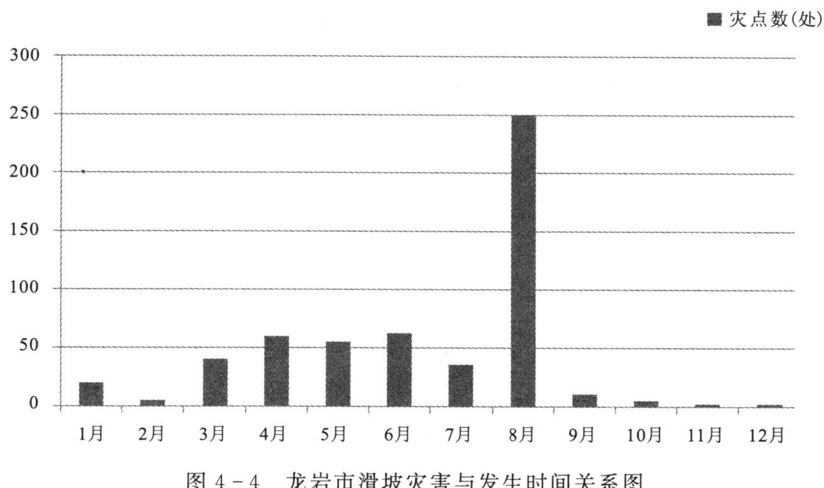

图 4－4　龙岩市滑坡灾害与发生时间关系图

表 4－3　龙岩市滑坡类型统计表

分类依据	类型	数量	百分比(%)
按滑坡类型	土质滑坡	601	93.03
	岩质滑坡	12	1.86
	混合质滑坡	33	5.11
按滑坡体积规模	大型(>100 万 m^3)	2	0.31
	中型(10 万～100 万 m^3)	13	2.01
	小型(<10 万 m^3)	631	97.68
按成因划分	自然因素	16	2.48
	人类工程活动	630	97.52
按滑坡体厚度	浅层滑坡(<6m)	607	93.96
	中层滑坡(6～10m)	39	6.04

(5)人类工程活动影响明显。滑坡与人类工程活动密切相关，常由于公路开挖、建房切坡、开矿、水渠漏水等人类工程活动破坏了原有的斜坡稳定性，在暴雨入渗作用下发生滑坡。因此，在新开的国道、省道公路及铁路沿线滑坡较为发育，具有线状分布的特征；在山区城镇及村庄的房后山坡处，滑坡亦较为发育，具有点状分布的特征。据统计，由于人类工程活动与暴雨复合成因的工程滑坡占调查统计总数的 97.52%，自然因素引起的滑坡只占 2.48%。

(6)滑坡具有明显的复活性，而阶段性特征不明显，突发性强，且危险性、危害性大。崩塌滑坡的复活性规律，是指一个崩塌或滑坡的活动已经停止相当时间之后，又重新发生活动。崩塌滑坡的续发性规律，是指在具有相同(相似)地质环境条件的地区或地段内，在已有崩塌滑坡的旁侧(上、下、左、右)，发生同样的崩塌滑坡地质灾害。崩塌滑坡的复活可以是全部的，也可以是部分的。一些复杂的崩塌滑坡群，即常具有不少的复活与续发成分。滑坡的阶段性规律，是指每一个滑坡都有其发生、发展直至衰亡(停止)的阶段过程。如一次滑坡过程常可分为蠕动阶段、匀速变形阶段、加速变形阶段、急剧变形阶段（或临滑阶段）及后期调整变形阶段。而福建省滑坡灾害多为小型，其根本原因多为人工开挖边坡，引发直接原因多为高强度的降雨过程，威胁的对象多是坡脚的居民，滑坡的突发性强，危险性、危害性大。大多数滑坡的阶段性表现得不是很明显。

2）崩塌

（1）龙岩市崩塌主要以小型、土质崩塌为主，偶见岩质崩塌，发育数量不多。

（2）主要以人类工程活动与暴雨复合成因为主。由于公路开挖、建房切坡开挖、开矿、水渠漏水等人为活动破坏了原有的山体稳定性，在暴雨袭击下易发生崩塌。特别是新开的国道和省道公路及铁路沿线崩塌最为发育。

4. 地质灾害的稳定状态

龙岩市地质灾害主要以滑坡为主，稳定程度多数较差，在646处滑坡中，不稳定滑坡有407处，占总数的63％，特征是滑坡前缘临空面较陡，或受地表径流冲刷较强，滑坡平均坡度在35°以上，发育裂隙连续且延伸较长、宽度较大，建筑物和植被有新的变形，后缘裂缝明显位移等，如长汀县古城镇溜下村溜下滑坡；基本稳定的滑坡有231处，占总数的35.76％，特征是前缘临空面较陡，坡体平均坡度在30°左右，局部发生裂缝，后缘裂缝断续延伸，变形迹象不十分明显，如永定县大溪乡莒溪村新下滑坡；稳定的滑坡有8处，占总数的1.24％，特征是前缘临空面较缓，坡体平均坡度在25°以下，坡面上基本无裂缝，后缘有裂缝大多被充填、填实，如新罗区龙门镇考塘村考塘公路滑坡。

5. 地质灾害的诱发因素

降雨是地质灾害（主要指滑坡、崩塌、泥石流）形成的主要诱发因素，尤其是台风暴雨，每年的雨季为滑坡集中发育期，发生时间在每年的6月—9月。人类工程活动是诱发滑坡的重要因素，人工修路、建房开挖坡脚等改变坡体地形结构，易诱发滑坡；人为陡坡垦植，毁坏森林植被，降低水土保持能力，受降雨作用，易发生滑坡。

1）地质环境因素

龙岩市地质灾害的分布与地质背景息息相关，如地形地貌、地质构造、岩土体类型、母岩岩性、风化土层厚度等。

地形地貌是决定地质灾害发生的首要条件，灾害多发生在起伏剧烈的低山丘陵区，地形形态呈上下陡、中间缓的折线坡，坡度在25°～45°的斜坡坡脚、高陡边坡、临近溪流、沟谷底部。这些地带由于风化作用剧烈，残坡积层厚度大，容易形成沿基岩风化面滑坡的土质滑坡、崩塌。

岩土体性质是地质灾害发生的基础条件，是地质灾害发生和发展的内在因素。区内的土质滑坡主要发育于侵入岩风化残坡积、残积黏性土中，控滑结构面大部分为残积黏性土与基岩接触面，它与侵入岩的风化特征、厚度、分布面积等因素有关。此外，地质灾害的发育程度还与母岩的性质、结构有关。

2）降雨因素

降雨是地质灾害的主要诱发因素。调查收集的95％以上地质灾害是由暴雨直接引发的，大部分地质灾害发生在强降雨尤其是台风暴雨季节。据龙岩市地质灾害调查资料显示，灾害发生与日降雨量、过程降雨量相关：在日降雨量小于50mm，过程雨量为80～100mm时，仅发生少量地质灾害；日降雨量为50～80mm，过程雨量为100～150mm时，边坡开始失稳，有较多的灾害发生；日降雨量大于 80mm，过程雨量大于 150mm 时，边坡处于不稳定状态，易发生大量的地质灾害。

3)人类工程活动

人类工程活动是致灾的另一个主要因素。削坡建房、筑路在斜坡前缘形成高陡临空面，使坡体失稳；而采矿、修路形成的固体废弃物往往易诱发泥石流。

第四节　预报预警模型总体思路

一、理论与方法

地质灾害危险性区划的方法依据研究区域的大小及相关资料的详细程度来选择。龙岩市的区域较大，且过去滑坡研究较充分，可用统计模型研究滑坡的各种影响因素（如地层、坡度等）对灾害的影响程度，来开展滑坡危险性区划。

统计分析模型是基于地理信息系统（GIS）进行滑坡变形失稳危险性评价的一种主要方法。运用 GIS 进行地质灾害危险性评价，充分利用其空间叠加分析功能，将每个影响滑坡的因素用一张专题地图来表示。根据适量的空间叠加分析，多个专题图层相互叠加产生了新的多边形并且附带了原来多个专题图的属性；根据栅格的空间叠加分析，每个图层对应的栅格之间做相应的四则运算或者是函数运算，得到一张新的栅格专题图，为各因素层运算之后的结果。实质上就是针对输入的各评价因素层所做的某种函数叠加运算，叠加运算的结果即是危险性评价的结果。

二、技术路线

根据大量研究资料表明，地质环境条件是地质灾害发生的内部因素，气象条件是地质灾害的外因和触发机制。所以，首先必须分析地区历史上发生地质灾害的分布、种类及所处的地质环境条件，确定地质灾害敏感性因子，然后针对不同气象条件，确定灾害发生时的临界降雨量，开展预报预警模型的方法研究。技术路线如图 4-5 所示。

三、预警研究内容与方法

(1)收集龙岩市地质灾害调查、地质灾害隐患点调查成果。

(2)采用地理信息系统（GIS）技术建立全市地质灾害、地质环境基础数据库，实现地质灾害调查数据的实时查询。

(3)基于已建立的《县（市）地质灾害调查与区划》数据库统计分析滑坡灾害发育特征，用各种图、表形式对滑坡与其影响因子的关系进行分类统计和归纳总结；利用调查和收集的资料，建立 1∶10 万地层岩性、表土层厚度、地形坡度、地质构造和人类工程活动分区图等子图层。

(4)对龙岩市过程雨量和临界雨量进行综合分析，并收集各灾点发生前 1、3、5 日内的降雨资料进行校核和验证，提出全县的地质灾害预报（3 级）、预警（4 级）、警报（5 级）3 个等级临灾预报预警区间值的参考范围。

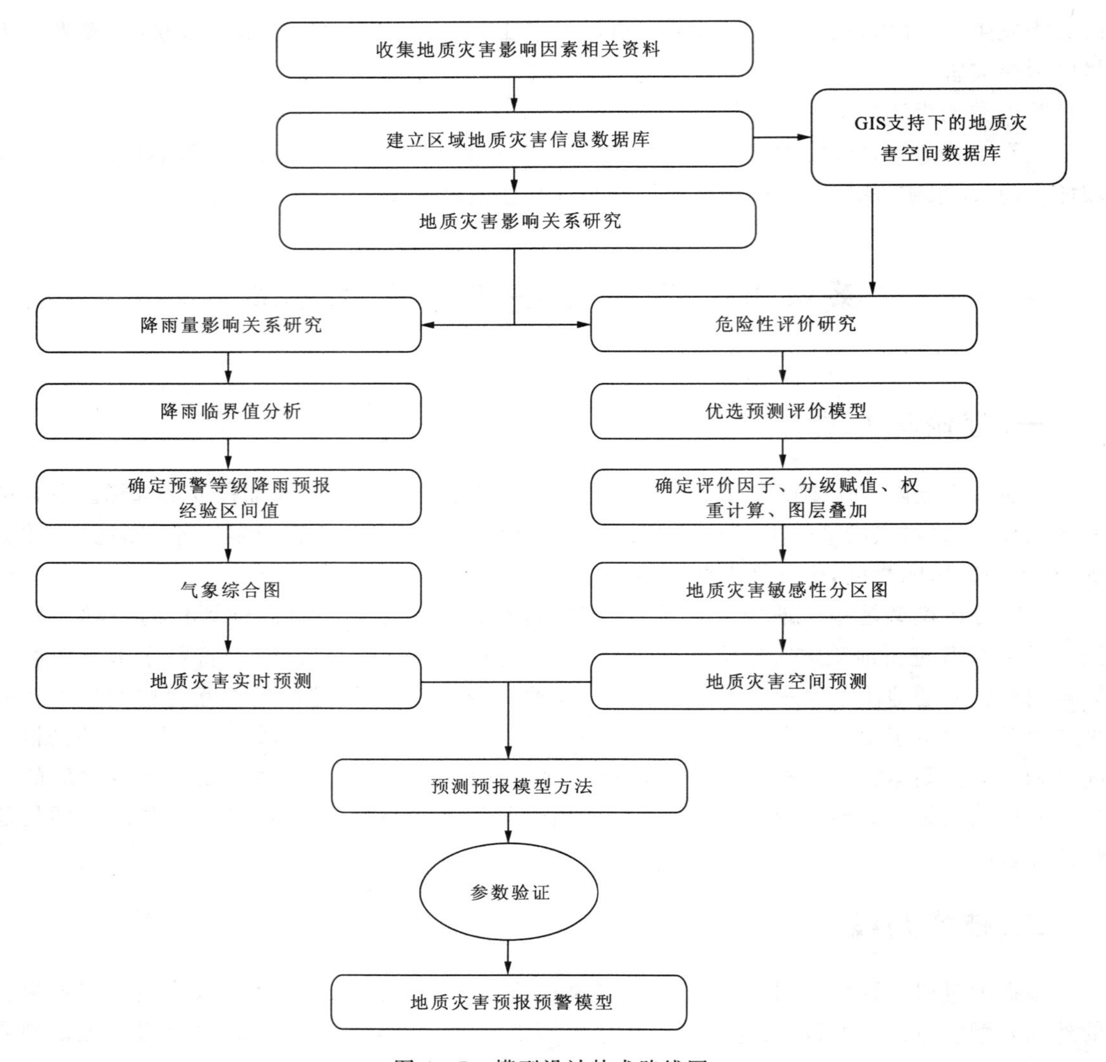

图 4－5　模型设计技术路线图

(5)通过上述研究，对全市地质灾害主要影响因子进行影响程度分级探讨；初步选取地形坡度(基础因子)、地面高程(基础因子)、地层岩性类型(基础因子)、表土层厚度(基础因子)、人类工程活动(易损因子)5 个评判因子，基于 MapGIS 图层库建立评判因子的子图层，进行分区指数计算和图层叠加综合评价，将生成图层结合当地情况和专家判别进行处理，形成全市地质灾害“危险性”评价指标，建立地质环境敏感性评价模型，在此基础上编制 1∶10 万龙岩市地质灾害预警区划图，实现对龙岩市地质环境的空间预测评价。

(6)在上述工作的基础上，结合实时雨量、预报雨量数据图层，最终生成预报预警等级图，并建立龙岩市地质灾害预报预警模型。

(7)根据汛期地质灾害发生情况，对建成的地质灾害预报预警模型进行检验，并不断修正完善。

(8)在模型建立的基础上，开发地质灾害预报预警信息系统，通过系统自动导入相关数据，经过软件计算分析，自动生成并发布地质灾害预报预警等级图、表及文字说明。

第五节　滑坡临界值研究

综合国内外研究动态可知，地质灾害的发生主要与过程降雨（久雨）和临灾降雨（暴雨）关系密切。本节基于数据库中有详细记录发生的具体（年、月、日等时间）灾点和龙岩市气象局提供的距离该灾点最近雨量站的相关降雨资料开展统计工作，就滑坡灾害与各灾点发生前1日内降雨量、3日内过程降雨量、群发性地质灾害临灾降雨量之间的关系进行探讨。

一、研究数据

1. 数据准备

在地区开展滑坡降雨临界值研究，主要通过龙岩市气象台的气象站点（图4－6）数据库获取龙岩市的降雨量数据。市滑坡数据库共收录滑坡点646个，滑坡发生时间精确到年、月和日的滑坡点556个，本次研究滑坡的主要发生时间为1990—2007年，共526个滑坡点。尽可能

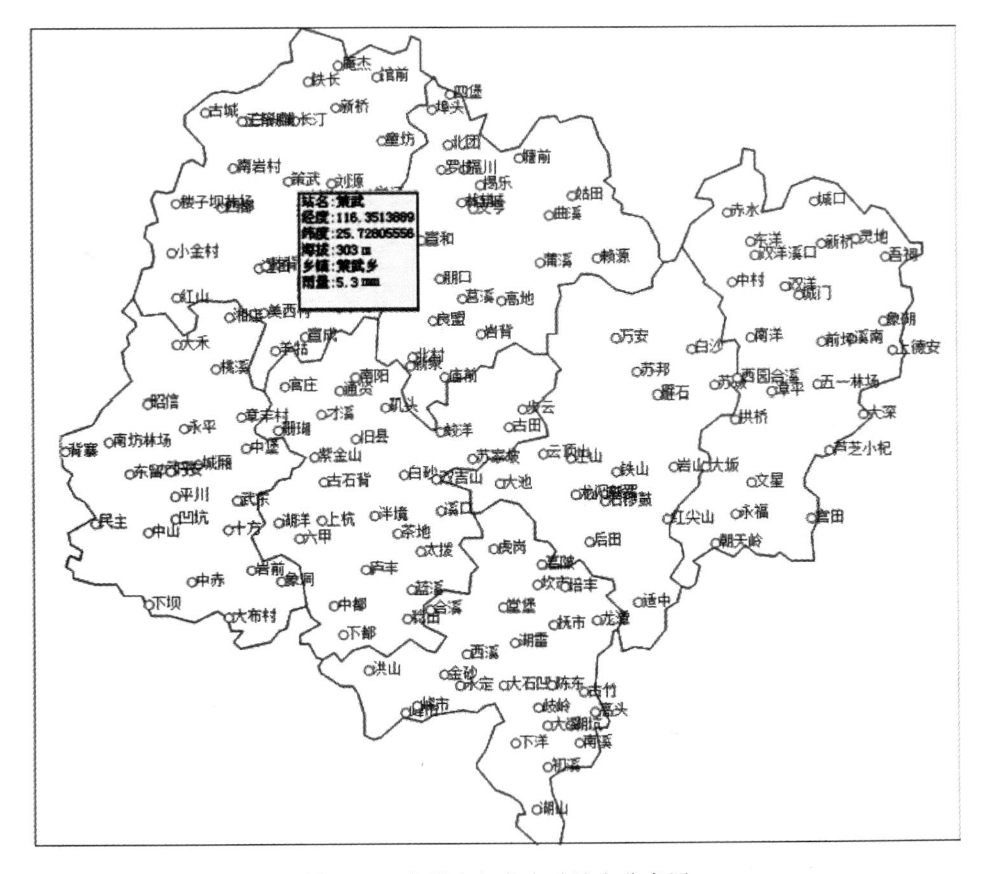

图4－6　龙岩市气象自动站点分布图

地收集市内可利用的资料和数据，包括滑坡灾害点的资料及 1990—2007 年气象资料。

2. 数据选取

在龙岩地区，许多群发性滑坡的发生与台风暴雨事件有关。然而，有些单体滑坡却发生在降雨量很小，或者根本就没有降雨的情况下。分析这些滑坡产生的原因，主要是由于不合理的房后开挖、房前堆填、灌溉渗漏等造成的。为了准确分析降雨量与滑坡发生的关系，本次选择在 3 天(72 小时)内发生两个以上滑坡的点作为分析样本，并假设在这种情况下降雨是诱发滑坡发生的主要因素。

龙岩市滑坡有明确的发生时间和地点共计 626 个，根据 72 小时内发生两个以上滑坡的选点原则，有 169 个滑坡点符合要求。这些滑坡主要发生在 1991—2006 年 6 月—8 月的台风暴雨中(表 4－4)。

表 4－4　龙岩市 72 小时内发生两个以上滑坡一览表(部分)

序号	滑坡位置	滑坡时间(年.月.日)	当天雨量(mm)	前 1 天(mm)	前 2 天(mm)	前 3 天(mm)	前 4 天(mm)	前 5 天(mm)	5 日累计雨量(mm)
1	福建省连城县莒溪镇池家山村	2000.5.1	22.4	42.8	1.3	34.9	0.0	63.1	142.1
2	福建省漳平市灵地乡上谢地村	2000.5.2	1.3	30.7	6.1	0.5	25.6	7.2	70.1
3	福建省长汀县涂坊镇吴坑村	2000.5.27	133.0	2.0	0.0	0.0	0.0	0.0	2.0
4	福建省漳平市溪南镇小潭村	2000.5.28	25.1	5.1	0.0	0.0	0.0	0.0	5.1
5	福建省上杭县白砂乡碧沙村丁德兴	2000.8.6	3.2	19.3	8.1	29.7	1.9	3.1	62.1
6	福建省上杭县旧县乡石浣村岩下尾	2000.8.7	10.2	3.2	19.3	8.1	29.7	1.9	62.2
7	福建省龙岩市新罗区江山乡村美村	2000.8.8	18.4	2.8	4.2	9.5	15.7	1.7	33.9
8	福建省永定县虎岗乡龙溪村等 4 处滑坡	2000.8.25	22.9	91.9	31.7	0.0	0.0	0.0	123.6
9	福建省连城县赖源乡下村村顾溪自然村等 40 处滑坡	2000.8.25	106.7	84.4	25.1	0.0	6.4	0.0	115.9
10	福建省武平县平川镇西厢王火生房后等 9 处滑坡	2000.8.25	137.7	42.5	15.6	0.0	0.0	1.3	59.4
11	福建省永定县合溪乡马子凹村等 11 处滑坡	2000.8.26	44.4	22.9	91.9	31.7	0.0	0.0	146.5
12	福建省长汀县南山镇南田迳村等 3 处滑坡	2000.8.27	31.4	20.4	40.8	68.5	9.9	0.0	139.6
13	福建省长汀县童坊乡肖岭村等 4 处滑坡	2002.6.17	143.0	24.0	45.7	27.4	3.9	14.8	115.8
14	福建省长汀县大同镇天邻村	2002.6.18	38.8	143.0	24.0	45.7	27.4	3.9	244.0
15	福建省上杭县太拔乡田增村隔凹里	2003.4.13	107.6	0.2	29.7	0.8	17.8	5.1	53.6
16	福建省长汀县大同镇黄麻畲村	2003.4.15	0.0	5.7	23.1	0.0	24.5	6.3	59.6

续表 4-4

序号	滑坡位置	滑坡时间（年.月.日）	当天雨量（mm）	前1天（mm）	前2天（mm）	前3天（mm）	前4天（mm）	前5天（mm）	5日累计雨量（mm）
17	福建省长汀县羊牯乡罗坑头村	2003.5.24	60.3	41.3	1.2	0.0	0.0	0.0	42.5
18	福建省长汀县河田镇中坊村	2003.5.25	0.1	60.3	41.3	1.2	0.0	0.0	102.8
19	福建省上杭县蓝溪乡载厚村上载厚社温文松屋后	2004.3.20	0.0	29.9	16.8	0.2	0.0	0.0	46.9
20	福建省上杭县下都乡五丰村小黄坑雷汉扬屋后	2004.3.22	0.0	0.1	0.0	29.9	16.8	0.2	47.0
21	福建省龙岩市新罗区苏坂乡芦林村内角等14处滑坡	2006.6.1	70.5	40.8	71.4	8.6	17.5	16.8	155.1
22	福建省龙岩市新罗区白沙镇白沙村营盘顶	2006.6.2	0.1	70.5	40.8	71.4	8.6	17.5	208.8
23	福建省龙岩市新罗区苏坂乡黄地村	2006.6.3	12.9	0.1	70.5	40.8	71.4	8.6	191.4

3. 雨量数据处理

将龙岩市各县（市、区）集中发生的灾害点进行整理，并与该致灾时间段之前的累计降雨量（一般指5日内的经验值）相对应。由于雨量监测站点的布设不可能位于或紧邻滑坡发生地点，这就造成记录的降雨量值与灾害发生地点的实际降雨量不一致，在这里选取离灾点最近的雨量站点的雨量进行统计，尽量保持雨量数据的真实性。

二、地质灾害与致灾临界雨量关系研究

1. 与1日内降雨量的关系

与1日内降雨量的关系一般是指与灾点发生当日降雨量的关系，并不能完全代表各灾点具体发生前24小时内的降雨实情。这是因为地质灾害调查过程中，虽然部分灾点记录了发生当天的具体日期，但基本上均缺乏记录发生的精确时间段；此外，本次气象部门所提供的降雨资料也是以mm/日为统计单位的，因为气象部门进行每一个灾点某小时段—某小时段的雨量统计，工作量极大，亦难以操作。因此只能以灾点发生日相对应的24小时内降雨量资料来进行相关统计，这只是反映一种趋势。

1日降雨量所诱发的地质灾害，一般多指暴雨所诱发的地质灾害。根据气象局提供距离各灾点最近雨量站的降雨资料统计，如表4-5和图4-7所示。

表4-5　1日降雨量与地质灾害累计数量关系统计表

降雨量（mm）	<10	10～50	50～75	75～100	100～125	125～150
累计灾点（个）	57	97	112	114	156	169

由图 4-7 可见，当日降雨量在 10～75mm、100～125mm 区间时，灾点累计数与降雨量关系曲线的斜率明显较大；而当日降雨量超过 125mm 后，曲线斜率则较缓。这一现象说明，当日降雨量在 10～75mm 这段区间内，地质条件较差、容易发生变形破坏的地段已经被大气降雨因子诱发而发生地质灾害；而当日降雨量大于 100mm 后，易引发群发性地质灾害，如 2000 年 8 月 25 日暴雨引发龙岩市连城县赖源乡下村村顾溪自然村等 40 处滑坡。

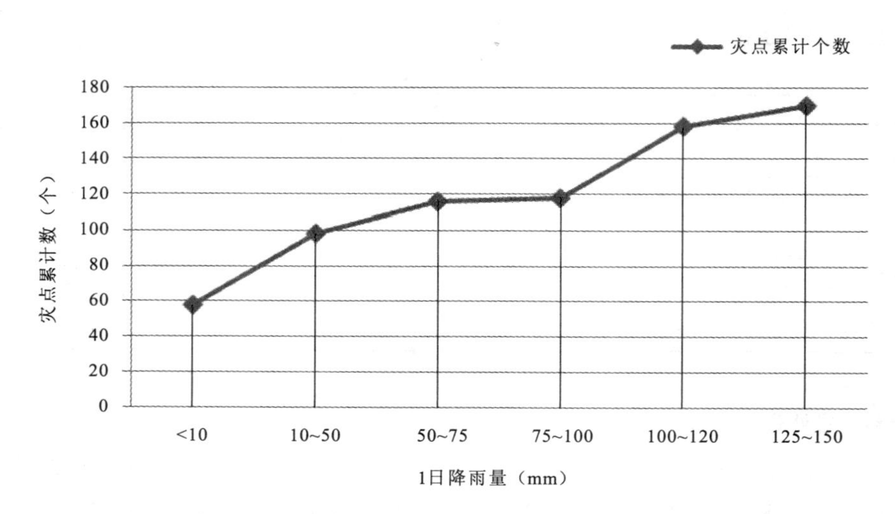

图 4-7　1 日降雨量与地质灾害累计数量关系曲线图

2. 与 3 日内降雨量的关系

根据福建省内外预报实例来看，地质灾害主要与前 3～5 日的过程降雨相关，特别是大部分群发性的地质灾害，都是在前 3 日左右的连续中强降雨过程中诱发的（这里包含连续暴雨、连续中强降雨，或暴雨连着中强降雨，或中强降雨后再接着下暴雨等情况）。因此，前 3 日内降雨量诱发，亦多指过程降雨诱发或久雨诱发。从龙岩市情况来看，这种过程降雨比之一次性暴雨更能诱发滑坡、崩塌、不稳定斜坡等地质灾害，特别是群发性的斜坡类地质灾害（但泥石流和地面塌陷灾害成因较复杂，往往与一次性的特大暴雨关系更密切）。这种情况也为我们提高气象预报的精确度提供了新思维，如得到某区前 1～2 天内的实际降雨量值作为预报基础后，就能对第 2 至第 3 天的灾情提出更加精确的地质灾害预报等级。

龙岩市气象局对提供的各灾点前 3 日内的过程合计降雨量进行统计，如表 4-6 和图 4-8 所示。

表 4-6　3 日内合计降雨量与地质灾害累计数量关系统计表

3 日雨量(mm)	＜30	30～50	50～75	75～100	100～125	125～150	≥150
累计灾点(个)	44	61	82	94	152	165	169

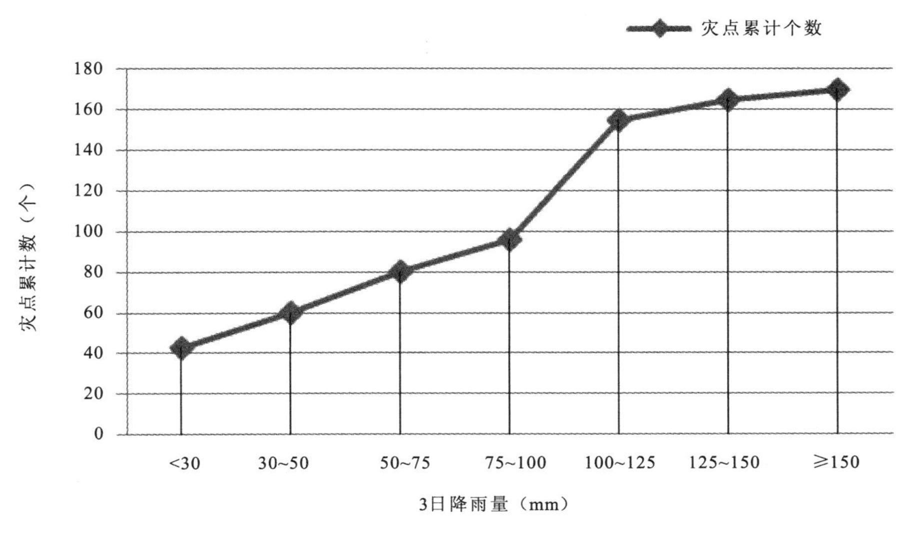

图 4－8　3 日内合计降雨量与地质灾害累计数量关系曲线图

由图 4－8 可见，当 3 日过程降雨总量在 100～125mm 区间时，灾点累计数与降雨量关系曲线的斜率明显较大；而当 3 日过程降雨量超过 125mm 后，曲线的斜率则较缓。这一现象同样说明，当 3 日过程降雨量达到 100～125mm 这段区间内，地质条件较差、容易发生变形破坏的地段已经被大气降雨因子诱发而发生地质灾害；而当 3 日过程降雨量大于 125mm 后，所诱发的灾害主要发生在地质条件相对较好、斜坡稳定性也相对较好的区域，因此灾点累计增幅有所减缓。这说明虽然大气降雨仍是地质灾害的重要诱发因素，但此时大气降雨对地质灾害的诱发作用相对于其他诱发因子的作用已有所减弱，此时发生的地质灾害主要是叠加了其他诱发因子的作用，如斜坡结构类型及土层抗滑程度的差异等对诱发地质灾害的影响就开始突显出来。

3. 与各县(市、区)群发性致灾临界雨量的关系

从各县(市、区)地质灾害调查中，可以发现有许多县(市、区)的调查资料都显示一个特殊的现象，即对于某县(市、区)或某一片(区)而言，地质灾害发生的时间往往指向集中的某一降雨时间段，体现了地质灾害的重要属性——区域群发性特征。

将龙岩市滑坡点数据进行整理，与其致灾时间段之前的累计降雨量相对应，得出滑坡灾害发生与降雨量关系的统计表(表 4－7)。通过总结发生群发性地质灾害时的过程致灾临界雨量，研究因降雨诱发地质灾害的预报、预警、警报这 3 个数值区间，为确定福建省各县(市、区)的地质灾害气象预报预警提供了应用的例证。

由此，可确定龙岩市境内滑坡灾害临灾降雨量预报界限区间值范围(为便于区域综合和直观起见，预报值均取整数)(表 4－8)。

表 4-7 发生灾害与降雨量关系统计表

时间段(年.月.日)	累计暴雨量(mm)	发生次数(次)	主要成灾情况
1996.8.7—8.8	395.5	7	福建省龙岩市长汀县大同镇建明村滑坡等
1996.8.7—8.8	295.8	126	福建省龙岩市永定县培丰镇洪源村滑坡等
2000.8.23—8.25	216.2	40	福建省龙岩市连城县赖源乡下村村顾溪自然村滑坡等
2002.6.15—6.17	212.7	6	福建省长汀县童坊乡肖岭村滑坡等
2006.5.30—6.1	182.7	9	福建省龙岩市新罗区大池镇合甲村小学右侧及野猪坑滑坡等
2005.6.21—6.23	141.2	2	福建省龙岩市长汀县新桥镇茜陂村滑坡等
2000.6.23—6.25	146.5	4	福建省龙岩市永定县虎岗乡龙溪村滑坡等
2000.6.23—6.26	190.9	10	福建省永定县高陂镇富岭村滑坡等
1990.3.25	76.47	2	福建省漳平市南洋乡北寮村滑坡

表 4-8 龙岩市滑坡灾害临灾雨量预报界限建议取值表

状态 / 雨量值(mm)	预报(3 级)	预警(4 级)	警报(5 级)	群发性灾害警报极值
暴雨或强降雨过程 3 日累计降雨量建议值	50～100	100～150	150～200	>200

三、降雨量危险性量化概率模型

通过对过程降雨量的分析，结合国土资源部、中国气象局以及福建省对地质灾害气象预警联合规定的地质灾害气象预报预警等级划分，结合地区未来 24 小时预报降雨量和 3 日过程降雨量累计值进行二维综合判别，建立了地质灾害气象预警指标及预警等级判定表(表 4-9、表 4-10)。

利用 MapGIS 空间分析技术，对 24 小时预报雨量和过程雨量累计值进行相关性因子加权平均，完成综合降雨信息因素概率量化因子，计算公式如下：

$$R = R_{24h} \times 0.12 + R_3 \times 0.24 \tag{4-1}$$

式中：R 为综合降雨信息因素概率量化指标；R_{24h} 为 24 小时降雨因素概率取值；R_3 为 3 日累计过程雨量因素概率取值。前期 3 日累计过程降雨量主要通过龙岩市气象台的自动雨量站获取雨量数据，未来 24 小时预报雨量由龙岩市气象台承担研究的短时临近预报技术提供。

表 4-9　福建省地质灾害气象预报预警初步模式

降雨级别	小雨	中雨	大雨	暴雨	大暴雨
R_{24h} 雨量 / R_3 雨量	(0～10)	(10～25)	(25～50)	(50～100)	>100
(0～25mm)	1 级	1 级	1 级	2 级	3 级
(25～50mm)	1 级	1 级	2 级	3 级	4 级
(50～100mm)	1 级	2 级	3 级	4 级	5 级
(100～200mm)	2 级	3 级	4 级	4 级	5 级
(200～300mm)	3 级	3 级	4 级	5 级	5 级
>300mm	3 级	4 级	5 级	5 级	5 级
备注	R_{24h} 为预测未来 24 小时雨量，R_3 为前 3 日累计过程降雨量				

表 4-10　地质灾害气象预报预警等级划分说明

预报预警等级	地质灾害发生可能性	防灾建议
1 级	可能性很小	
2 级	可能性小	
3 级(注意级)	可能性较大	应注意预报区内地质灾害隐患点及房前屋后危险性斜坡的巡查和监测
4 级(预警级)	可能性大	应加强预报区内地质灾害隐患点及房前屋后危险性斜坡，应加密巡查和监测
5 级(警报级)	可能性很大	应做好预报区内危险性大、危害性大的地质灾害危险点影响范围内人员及财产撤离避让准备；抢险救灾队伍做好应急抢险工作准备

第六节　预报预警方法研究

一、评价模型

本次通过建立 CF 逻辑回归模型，即滑坡发生确定性系数(CF)与逻辑回归模型(Logistic Regression Model)层次分析法的融合，确定评价因子和各数据层叠加的权重。

1. 滑坡发生确定性系数(CF)

采用确定性系数 CF 进行滑坡的危险性区划，基本假定是滑坡的危险性可以根据过去滑坡与确定为诱发因素的数据集(地质、地形等)之间的统计关系进行确定。即未来滑坡在达到与自己相似条件地区的其他滑坡发生时所处的相似环境条件时，将发生滑动。其适用的模型单元类型为网格单元和均一条件单元。

任一单元的滑坡确定性系数 CF 定义为单元中某一假定为真(例如,此单元为滑坡易发区)的确定程度。它根据每一数据层单元上事件(如滑坡发生)的先验概率和在特定数据条件下(如岩性为砂岩、坡度为 30°～40°,坡向北东等)事件发生(滑坡发生)的条件概率之间的关系确定。

定义确定性系数的函数 fk 的一般理论公式为:

$$fk:\begin{cases}A\rightarrow[mink,mink]\rightarrow[a,b]\\A\rightarrow[1,2,3Cnk]\rightarrow[a,b]\end{cases}\tag{4-2}$$

式中:A 为研究区域;$mink$,$mink$ 表示连续数据区间;1,2,3Cnk 表示非连续数据;$[a,b]$是确定性系数区间,通过函数变换,不同类型的数据将落入相同的区间$[a,b]$中,从而可以进行有效的合并。

确定性系数 CF 作为一个概率函数,最早由 Shortliffe 和 Buchanan(1975)提出,由 Heckerman(1986)进行改进,表示为式(4-3):

$$CF=\begin{cases}\dfrac{PPa-PPs}{PPa(1-PPs)} & if PPa\geqslant PPs\\[2ex]\dfrac{PPa-PPs}{PPs(1-PPa)} & if PPa\geqslant PPs\end{cases}\tag{4-3}$$

式中:PPa 为事件(滑坡)在数据类 a 中发生的条件概率,在实际滑坡应用时可以表示为代表数据类 a 的单元中存在的滑坡面积与单元面积的比值;PPs 为事件在整个研究区 A 中发生的先验概率,可以表示为整个研究区滑坡的面积与研究区面积的比值。

通过式(4-3)函数变换,CF 的变化区间为[-1,1]。正值代表事件发生确定性的增长,即滑坡变形失稳的确定性高,此单元为滑坡易发区;负值代表确定性的降低,表示滑坡变形失稳的确定性低,不易发生滑坡;接近于 0 值代表先验概率与条件概率十分接近,事件发生的确定性不可能进行确定,即此单元不能确定是否为滑坡易发区。

计算出每一数据层的 CF 后,需要将不同数据层的 CF 进行合并。假定要合并的两个数据层的 CF 分别为 x 和 y,合并后的结果为 z,合并公式为:

$$z=\begin{cases}x+y-xy & x,y\geqslant 0\\[1ex]\dfrac{x+y}{1-\min(|x||y|)} & x,y\ \text{异号}\\[2ex]x+y+z & x,y\leqslant 0\end{cases}\tag{4-4}$$

首先将因子数据层按一定规则划分为不同的数据类别,然后在 GIS 中将每个因子数据层与滑坡层进行叠加,计算因子数据层中每一数据类中滑坡的数量,此类滑坡的总面积与数据类的面积相比得到滑坡在此数据类中发生的概率。根据式(4-3)进行 CF 的计算,从而确定因子数据层的每一数据类对于滑坡发生的影响程度,进行因子的敏感性分析。将因子数据层的 CF 值按式(4-4)两两进行合并,并按一定规则对合并后的 CF 值进行重新划分。通过与新的滑坡数据对比,可以确定每一种影响因子对滑坡发生的影响程度,确定滑坡发生的关键因子。

2. 层次分析法

层次分析法(Analytic Hierarchy Process,简称 AHP 法)是美国运筹学家、匹兹堡大学教授 Saaty 于 20 世纪 70 年代提出来的,它是一种对较为模糊或较为复杂的决策问题使用定性与定量分析相结合的手段做出决策的简易方法,它特别适用于那些难以完全定量分析的问题。

以下做简要介绍。

设现在要比较 n 个要素 $X=\{x_1,x_2,\cdots,x_n\}$ 对目标 Z 的影响大小，为提供可信的数据结果，Saaty 等人建议可以采取对因子进行两两比较建立成对比较矩阵的办法，即每次取两个因子 X_i 和 X_j，以 a_{ij} 表示 X_i 和 X_j 对 Z 的影响大小之比，全部比较结果用矩阵 $\boldsymbol{A}=(a_{ij})n\times n$ 表示，称 $\boldsymbol{A}$ 为成对比较判断矩阵（简称判断矩阵）。其中，若 X_i 与 X_j 对 Z 的影响之比为 a_{ij}，则 X_j 与 X_i 对 Z 的影响之比应为 $a_{ji}=1/a_{ij}$。

成对比较矩阵是通过定性比较得到的结果，对它计算的精确度只要能满足权重计算的需要即可。对于正矩阵 $\boldsymbol{A}$（$\boldsymbol{A}$ 的所有元素为正）有以下性质：

（1）$\boldsymbol{A}$ 的最大特征根为正单根 λ_{max}；

（2）λ_{max}对应正特征向量 $\boldsymbol{W}$（$\boldsymbol{W}$ 的所有分量为正）；

（3）$\lim_{k\to\infty}\left(\frac{\boldsymbol{A}^k e}{\mathrm{e}^T\boldsymbol{A}^k e}\right)^n=\boldsymbol{W}\quad e=(1,1,\cdots,1)^T(k=1,2,\cdots)$　　(4-5)

式中：$\boldsymbol{W}$ 是对应 λ_{max}的归一化特征向量。

对地质灾害各种影响要素的权重进行定量，正是一个从定性到定量化的具体过程，因此据以上性质，其计算可采用幂法。步骤如下。

（1）将 $\boldsymbol{A}$ 的每一列向量归一化得：

$$\widetilde{\boldsymbol{W}}_{ij}=\frac{a_{ij}}{\sum_{i=1}^{n}a_{ij}}\tag{4-6}$$

（2）对 $\widetilde{\boldsymbol{W}}_{ij}$ 按行求积并开 n 次方，即：

$$\widetilde{\boldsymbol{W}}_{ij}=(\prod_{i=1}^{n}\widetilde{\boldsymbol{W}}_{ij})^{\frac{1}{n}}$$

其中：

$$\widetilde{\boldsymbol{W}}=(\widetilde{w}_1,\widetilde{w}_1,\cdots,\widetilde{w}_n)^T$$

$$\boldsymbol{W}=(w_1,w_1,\cdots,w_n)^T$$

（3）将 $\boldsymbol{W}_i$ 归一化：

$$\boldsymbol{W}_i=\frac{\widetilde{\boldsymbol{W}}_i}{\sum_{i=1}^{n}\widetilde{\boldsymbol{W}}_i}\tag{4-7}$$

（4）计算 $\boldsymbol{AW}$

（5）计算 λ，即最大特征值的近似值：

$$\lambda=\frac{1}{n}\sum_{i=1}^{n}\frac{(\boldsymbol{AW})_i}{\boldsymbol{W}_i}\tag{4-8}$$

结果一致性检验：

当 n 阶正互反矩阵 $\boldsymbol{A}$ 为一致矩阵，当且仅当其最大特征根 $\lambda_{max}=n$；当正互反矩阵 $\boldsymbol{A}$ 非一致时，必有 $\lambda_{max}>n$。因此，我们可以由 λ_{max} 是否等于 n 来检验判断矩阵 $\boldsymbol{A}$ 是否为一致矩阵。由于特征根连续地依赖于 a_{ij}，故 λ_{max} 比 n 大得越多，$\boldsymbol{A}$ 的非一致性程度也就越严重。因此，对决策者提供的判断矩阵有必要做一次一致性检验，以决定是否能接受它。

对判断矩阵的一致性检验步骤如下。

（1）计算一致性指标 CI：

$$\mathrm{CI}=\frac{\lambda_{max}-n}{n-1}\tag{4-9}$$

(2)查找相应的平均随机一致性指标 RI。对 $n=1,2,\cdots,9$,Saaty 给出了 RI 的值,如下所示。

$n=1$,RI=0;$n=2$,RI=0;$n=3$,RI=0.58;$n=4$,RI=0.90;$n=5$,RI=1.12;

$n=6$,RI=1.24;$n=7$,RI=1.32;$n=8$,RI=1.41;$n=9$,RI=1.45。

(3)计算一致性比例 CR:CR=CI/RI。

当 CR<0.10 时,认为判断矩阵的一致性是可以接受的。

二、影响因子的分析

1. 影响因子的选取

确定诱发滑坡失稳的潜在因素是滑坡研究的一个重要基本步骤。事实上,滑坡的稳定性主要与岩体的不良岩土工程特性、水文地质岩组的渗透特性等因素有关。可能造成边坡失稳的因素可以分为两组:①剪切强度降低,下滑力增加;②增加剪切强度和抗滑力。根据各种因素的影响方式及不同又分为内部因素和外部因素,内部因素决定了滑坡分布的特征和规律,外部因素与老(古)滑坡的再活动有关。

龙岩市滑坡灾害危险性分析选取的滑坡影响因子主要包括 3 个方面 7 个因子,即地质条件:地层岩性、地质构造、表土层厚度;地形地貌:坡度、地面高程;环境因素:人类工程活动强度(表 4-11)。

表 4-11　滑坡因子选取及分组

滑坡影响因素	滑坡因子	分组
地质条件	地层岩性	沉积岩、花岗岩、侵入岩、喷出岩、第四系
	地质构造(m)	100、200、300、400、500、600、700
	表土层厚度(m)	1~3、3~5、5~7、8~10、10~15、>15
地形地貌	坡度(°)	0~10、10~20、20~30、30~40、40~50、50~60、60~70、>70
	地面高程(m)	<200、200~300、300~400、400~500、500~600、600~700、700~800、800~1 000、>1 000
环境因素	人类工程活动强度	弱、较弱、中等、较强、强

2. 影响因子分析

1)地层岩性

地层岩性是地质灾害发育、发展的基础条件,是致灾体的物质来源。区内的母岩主要可以分为五大类:侵入岩类、变质岩类、火山岩类、沉积岩类和第四系地层,不同母岩风化程度及残坡积层厚度控制着地质灾害的发生类型、形成机率和生成规模。

地区地层岩性的滑坡发生确定性系数 CF 的计算结果如表 4-12 所示。从岩组各个分类的 CF 值可以看出:火山岩和侵入岩的 CF 值为正值,其余均为负值,可认为火山岩与侵入岩地区和滑坡发生的相关性较大(图 4-9)。

表 4-12 地层岩性分类及 CF 值

岩性分类	面积(km^2)	滑坡面积(km^2)	滑坡频率	CF 值
变质岩	2 479.13	0.112 897	0.000 05	−0.43
沉积岩	7 503.30	0.588 241	0.000 08	−0.08
火山岩	972.26	0.222 367	0.000 23	1.64
侵入岩	7 797.76	0.735 475	0.000 09	0.03
第四系	298.74	0.000 96	0.000 00	0

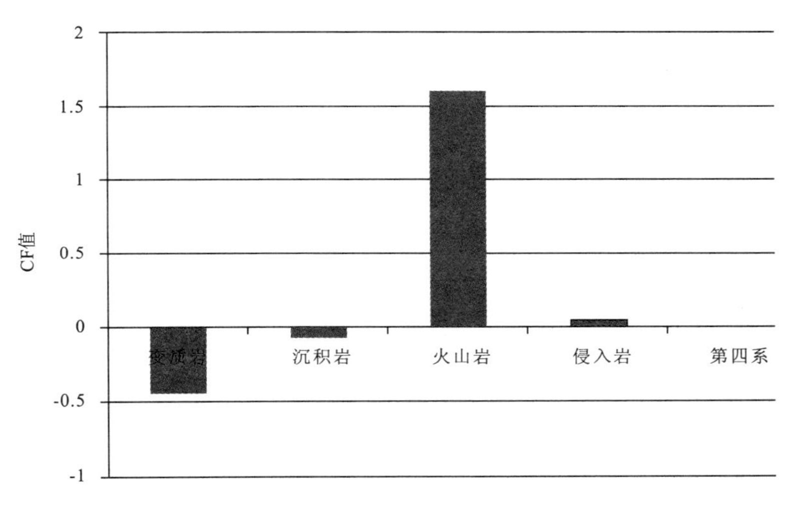

图 4-9 地层岩性 CF 值

2)地质构造

地质构造是地壳变化过程中的产物,不同构造单元其形态特征和受力状态有所不同,滑坡类型与发育程度亦不相同,不同构造类型控制着地质灾害的分布。褶皱发育地区,由于挤压作用使得岩石裂缝发育,岩体完整性差,风化及溶蚀作用较强烈,易于发生滑坡。断层破碎带附近,裂隙发育,岩体破碎,岩石抗侵蚀、溶蚀和风化的能力大大降低,也是滑坡集中发育的部位。

为了在 GIS 中定量分析地区地质构造对于滑坡的控制作用,对地质构造做了 100m、200m、300m、400m、500m、600m、700m 不同距离的缓冲分析,得到不同的构造影响分区。

对每一分区进行了滑坡发生确定性系数 CF 值的计算,结果如表 4-13 所示。从表中可见:地区滑坡分布受地质构造控制的规律不明显,在构造缓冲区 100m、400m 和 500m 的 CF 值为正值,其余均为负值,没有合理的解释和规律可寻(图 4-10)。

表 4-13　地质构造分级及 CF 值确定

代码	缓冲区距离(m)	面积(km^2)	滑坡面积(km^2)	滑坡频率	CF 值
1	100	1 021.39	0.109 597	0.000 107	0.19
2	200	2 018.71	0.168 209	0.000 083	−0.04
3	300	3 001.14	0.214 87	0.000 072	−0.18
4	400	3 924.45	0.358 61	0.000 091	0.05
5	500	4 799.95	0.467 531	0.000 097	0.11
6	600	5 635.72	0.477 611	0.000 085	−0.03
7	700	6 436.17	0.497 507	0.000 077	−0.11

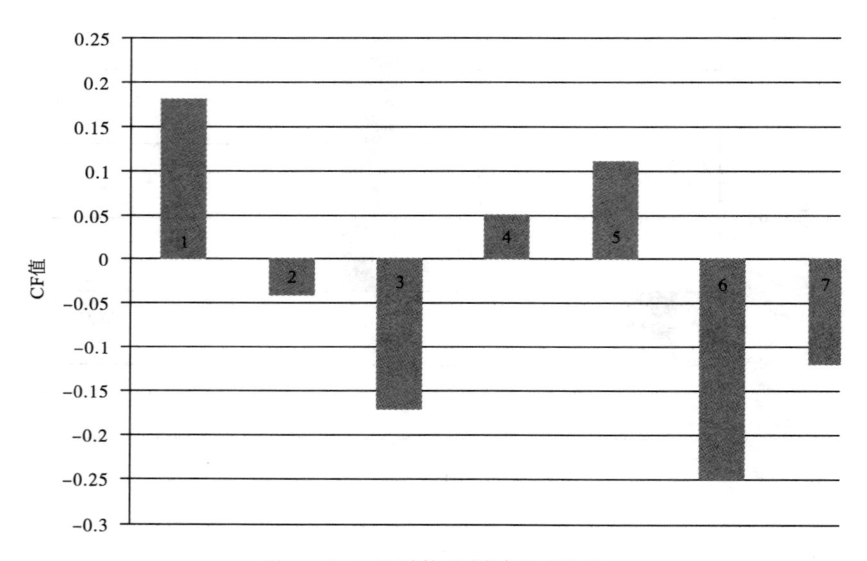

图 4-10　地质构造缓冲区 CF 值

3)表土层厚度

表土层发育厚度决定着地质灾害的物质来源并控制着地质灾害的发生规模。龙岩市大部分灾害为土质类崩滑灾害,且致灾体多为表层残坡积土体。因此,在滑坡影响因子的选取中,表土层的发育厚度也是不可忽视的基础因子。

为了在 GIS 中定量分析地区表土层厚度对于滑坡的控制作用,将表土层厚度划分为 1～3m、3～5m、5～7m、7～10m、10～15m、大于 15m 的 6 个区间,得到表土层厚度分区(图 4-11)。

对每一分区进行了滑坡发生确定性系数 CF 值的计算,结果如表 4-14 所示。从表中可见:滑坡与表土层厚度相关,厚度越大,发生的相关性就越大(图 4-12)。

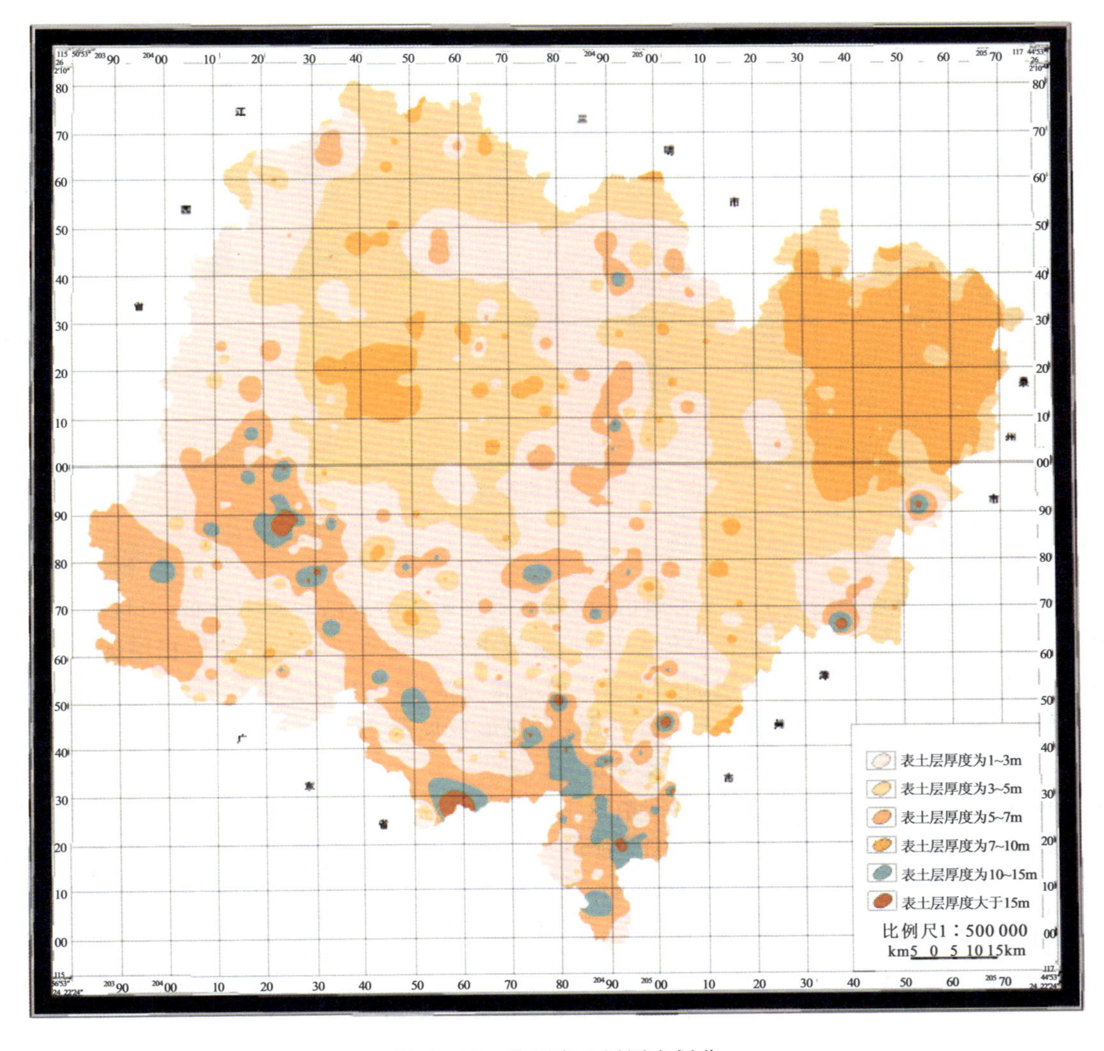

图 4-11　地区表土层厚度划分

表 4-14　表土层厚度划分及 CF 值确定

代码	表土层厚度(m)	面积(km^2)	滑坡面积(km^2)	滑坡频率	CF 值
1	1～3	2 038.56	0.096 801	0.000 047	−0.45
2	3～5	6 589.02	0.221 327	0.000 034	−0.61
3	5～7	7 048.50	0.417 094	0.000 059	−0.32
4	7～10	2 791.21	0.278 264	0.000 100	0.13
5	10～15	498.11	0.270 916	0.000 544	0.84
6	>15	67.80	0.224 650	0.003 313	0.97

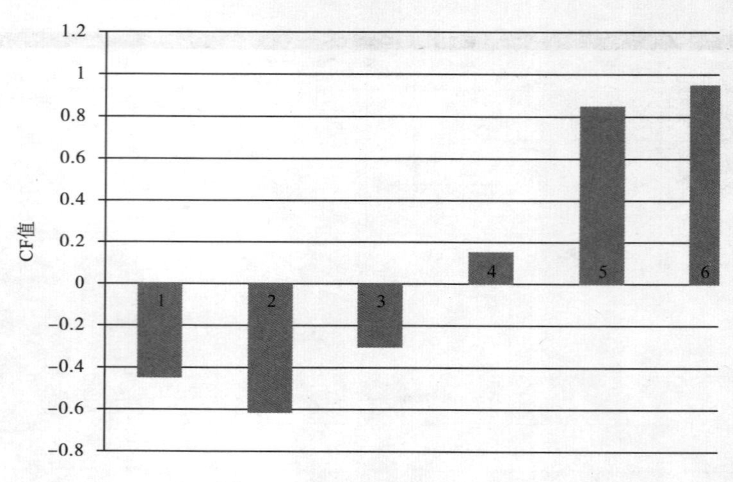

图 4-12 表土层厚度 CF 值

4)坡度

地形坡度是滑坡稳定性的重要影响因素,坡度不仅影响滑坡内的应力分布,而且对滑坡表面地表水径流、滑坡体内地下水的补给与排泄、滑坡上松散物质(风化层)的堆积厚度、植被覆盖率等起着决定性的控制作用,进而控制着滑坡的稳定性,是滑坡的重要控制因素。

根据斜坡坡度特征和地质灾害发育情况,将地形坡度分为 0°～15°、15°～25°、25°～35°、35°～50°、>50°五个区间,得到不同的坡度分区。

对每一分区进行了滑坡发生确定性系数 CF 值的计算,结果如表 4-15 所示。从表中可见:地区最有利于滑坡发育的坡度范围为 15°～25°,CF 值为 0.27;35°～50°、50°以上范围内 CF 值为-1,主要是因为这一区域地势陡峭,堆积层厚度薄,人类活动相对弱,滑坡发生的几率减小(图 4-13)。

表 4-15 地形坡度分级及 CF 值

代码	坡度(°)	面积(km^2)	滑坡面积(km^2)	滑坡频率	CF 值
1	0～15	2 612.38	0.206 788	0.000 079	-0.09
2	15～25	11 033.50	1.320 142	0.000 120	0.27
3	25～35	5 175.53	0.133 009	0.000 026	-0.70
4	35～50	229.79	0	0	-1.00
5	>50	0	0	0	-1.00

5)地面高程

高程与斜坡变形破坏有一定的相关性,如不同高程范围内具有不同的植被类型和植被覆盖率,因地形坡度差异而存在的局部积水平台(洼地),是否存在易于滑坡滑动的临空面,以及不同高程范围内的人类活动强度差异较大等。

根据高程与已发生灾害的关系以及人类活动范围,将雨城区高程按照小于 200m、200～300m、300～400m、400～500m、500～600m、600～700m、700～800m、800～1 000m、大于 1 000m分为 9 个等级(图 4-14)。

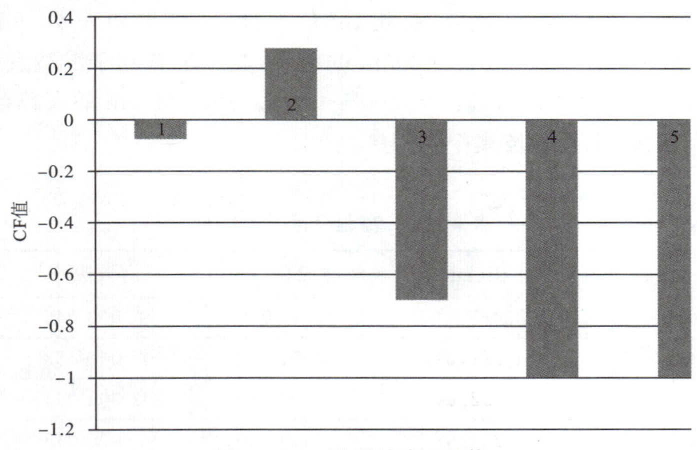

图 4－13　地形坡度 CF 值

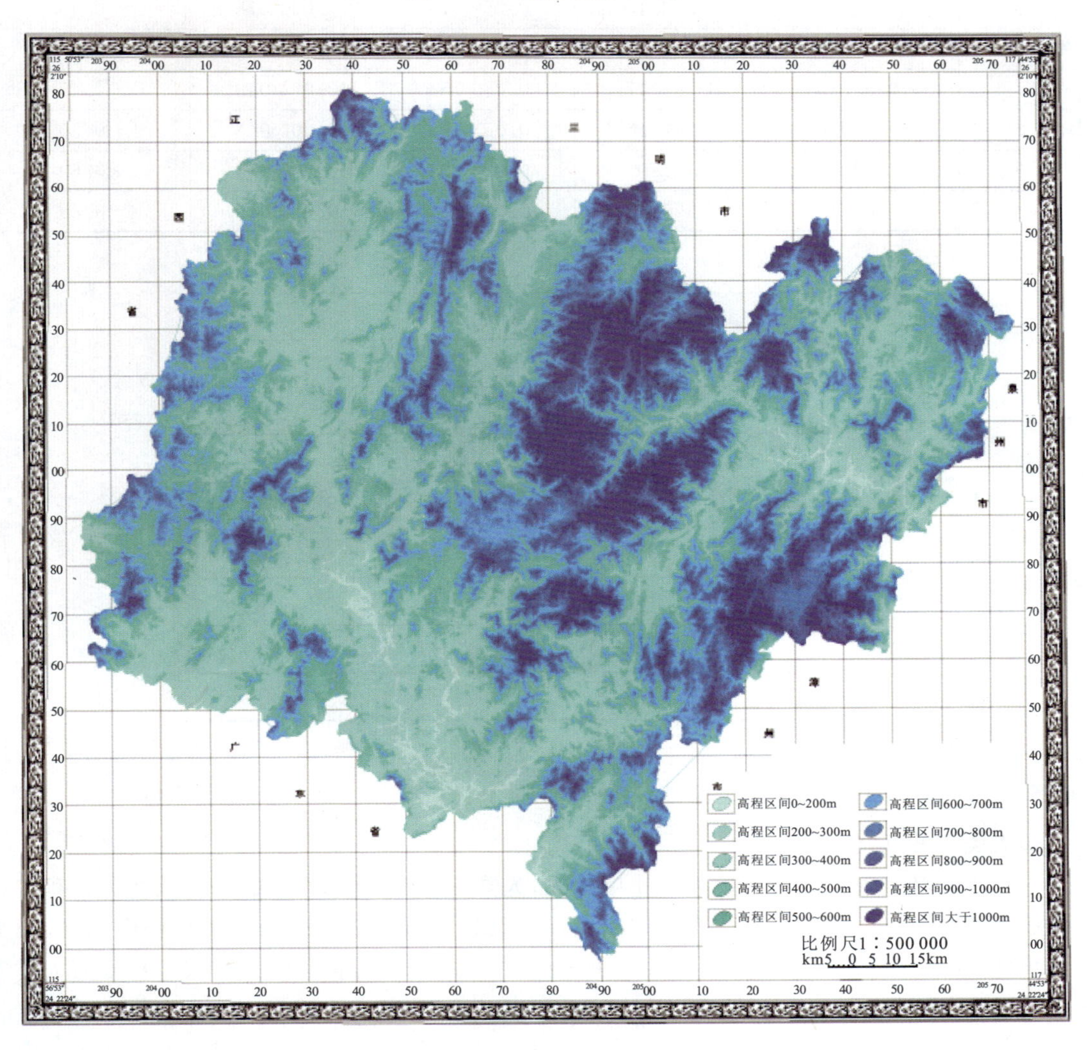

图 4－14　地区高程分区

对每一分区进行了滑坡发生确定性系数 CF 值的计算，结果如表 4－16 所示。从表中可见：地区有利于滑坡发生的高程在 300～800m 的范围，其中最有利于滑坡发生的高程在 600～700m，CF 值达到 0.58(图 4－15)，其次为 300～400m。300～800m 的高程范围为地区人类工程活动的主要高程范围，也是滑坡集中发育区。

表 4－16　高程分区及 CF 值

代码	高程(m)	面积(km^2)	滑坡面积(km^2)	滑坡频率	CF 值
1	<200	346.37	0.015 755	0.000 045	－0.48
2	200～300	1 771.67	0.094 372	0.000 053	－0.39
3	300～400	3 292.69	0.300 030	0.000 091	0.05
4	400～500	3 227.37	0.048 340	0.000 015	－0.83
5	500～600	2 826.45	0.050 175	0.000 018	－0.80
6	600～700	2 263.63	0.474 422	0.000 210	0.58
7	700～800	1 744.47	0.083 754	0.000 048	－0.45
8	800～900	1 247.16	0.053 725	0.000 043	－0.50
9	900～1 000	873.79	0.030 294	0.000 035	－0.60
10	>1 000	1 457.60	0.021 316	0.000 015	－0.83

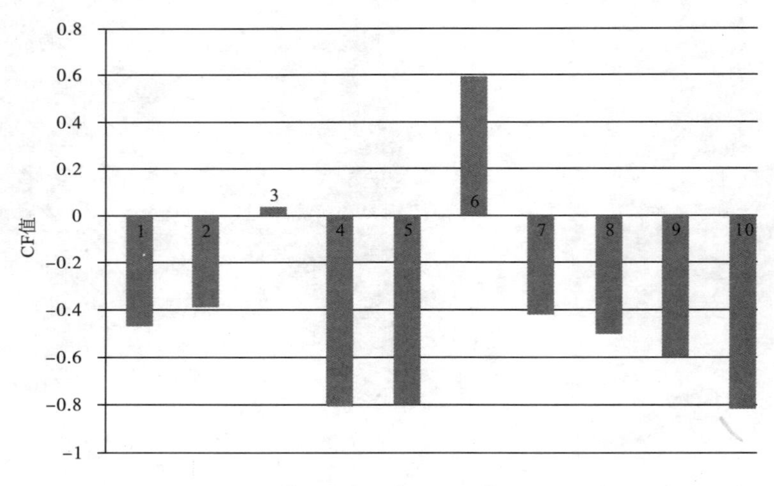

图 4－15　高程 CF 值

6)人类工程活动强度

人类工程活动对地质灾害的发生影响较大，人类工程活动强度与人口密度、重大工程建设大致成正比，因此，主要考虑龙岩市人口密度和省级以下线状工程分布。人口密度以乡、镇为单位统计，线状工程以单位面积公路线密度统计。以不同颜色进行区分，生成 1∶10 万人类工程活动强度分区图(图 4－16)。

对每一分区进行了滑坡发生确定性系数 CF 值的计算，结果如表 4－17 所示。从表中可见：人类工程活动较强区容易引发滑坡的概率高(图 4－17)。

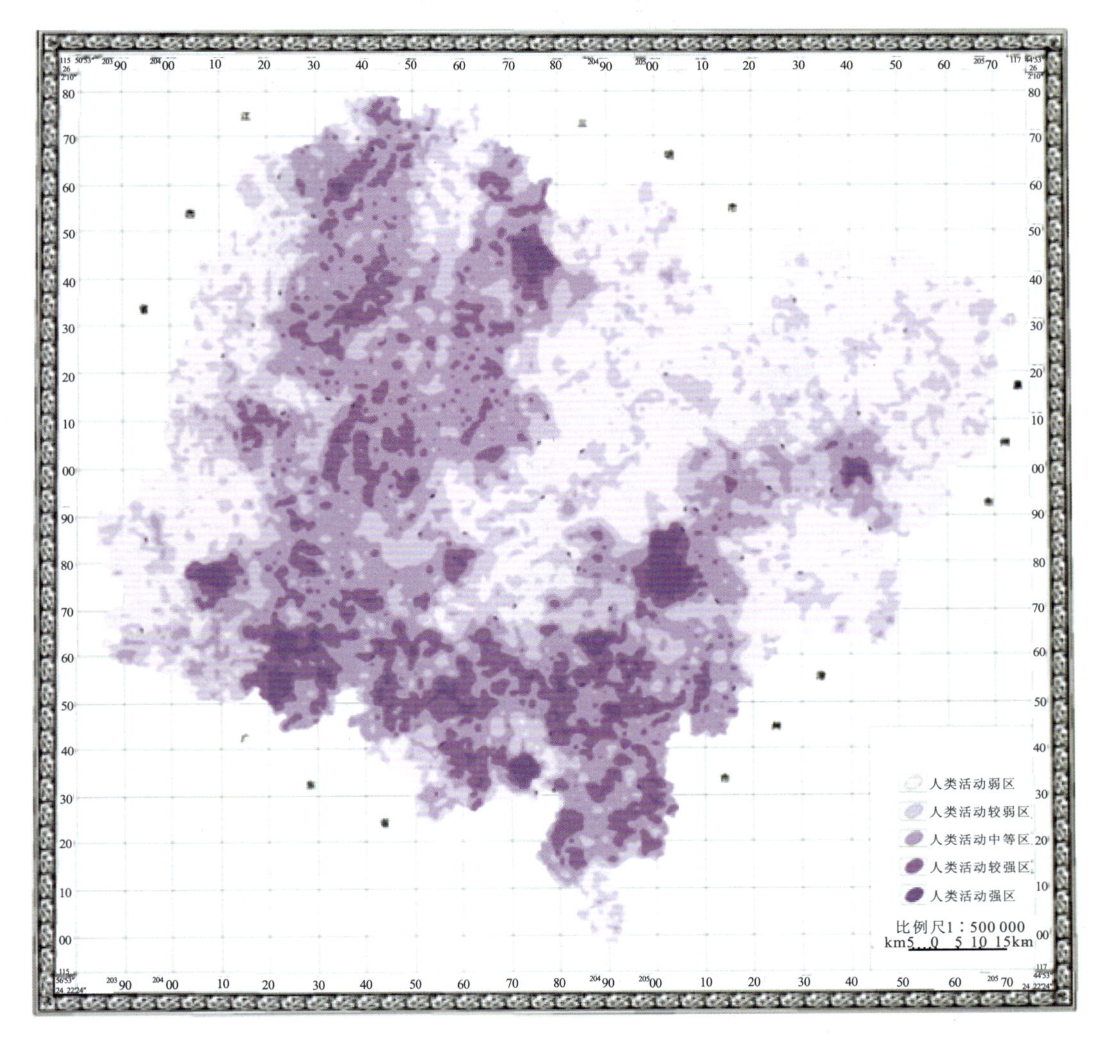

图 4-16 地区人类工程活动强度分区

表 4-17 人类工程活动强度分级及 CF 值

代码	人类工程活动强度分级	面积(km²)	滑坡面积(km²)	滑坡频率	CF 值
1	弱	6 256.70	0.288 194 14	0.000 046	−0.47
2	较弱	4 562.35	0.397 147 5	0.000 087	0.00
3	中等	5 715.34	0.494 560 05	0.000 087	0.00
4	较强	2 007.38	0.438 629 45	0.000 219	0.60
5	强	508.24	0.041 408 2	0.000 081	−0.07

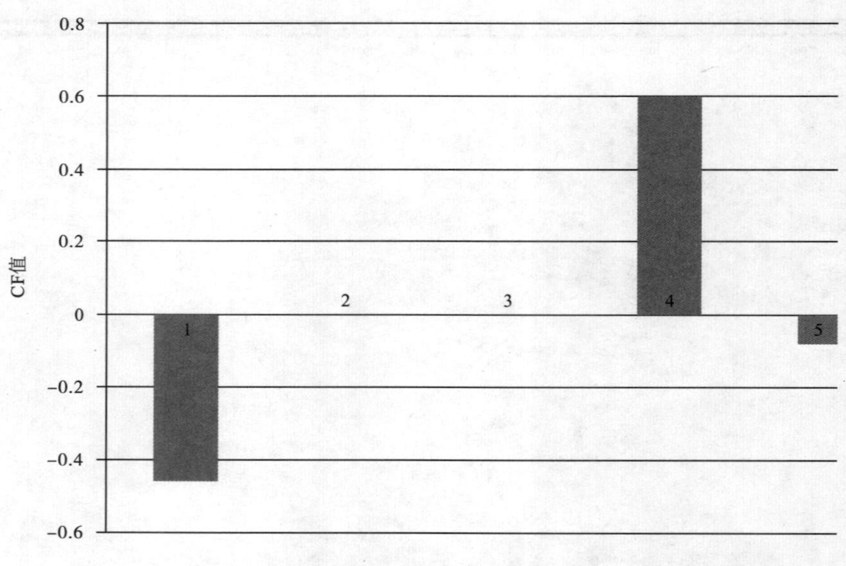

图4-17 人类工程活动强度CF值

7)结论

根据滑坡因子敏感性分析,地区最有利于滑坡发生的条件是:

(1)地层岩性为火山岩和侵入岩的地区;

(2)表土层厚度相对较大的区域;

(3)地形坡度在15°～25°的中低坡度区域范围内;

(4)300～800m的高程范围为地区人类工程活动的主要高程范围,也是滑坡集中发育区;

(5)人类工程活动强度较强区容易引发滑坡灾害。

3. 地质灾害易发分区

1)确定权重系数

将坡度、高程、地层岩性、表土层厚度、人类工程活动强度这5个影响因子构建比较矩阵,通过两两对比、专家打分,定性地确定不同因子对于地质灾害发生的贡献大小;将矩阵归一化处理,定量地确定每个因子的权重值。

(1)选定专家组。请一些对地质环境与地质灾害危险性评价有一定研究和认识的专家组成专家组开展调查。调查的目的是集中专家们的集体智慧,对地质灾害易发性影响因素的相对重要性进行评估。根据回收的打分表,综合构造判断矩阵。

(2)构造判断矩阵。设$\boldsymbol{U}=\{U_1,U_2,\cdots,U_m\}$为评价因素集,$\boldsymbol{V}=\{V_1,V_2,\cdots,V_m\}$为地质灾害危险性等级集,$V_1=\{$不危险$\}$,$V_2=\{$较不危险$\}$,$V_3=\{$较危险$\}$,$V_4=\{$危险$\}$。$U_{ij}$表示$U_i$对$U_j$的相对重要性数值,$U_{ij}$的取值按表4-18进行。

据此得到判断矩阵$\boldsymbol{T}$,如表4-19所示。

表 4-18　判断矩阵标度及其含义

标度值	含义
1	表示因素 u_i 与 u_j 比较，具有同等的重要性
3	表示因素 u_i 与 u_j 比较，u_i 比 u_j 稍微重要
5	表示因素 u_i 与 u_j 比较，u_i 比 u_j 明显重要
7	表示因素 u_i 与 u_j 比较，u_i 比 u_j 强烈重要
9	表示因素 u_i 与 u_j 比较，u_i 比 u_j 极端重要
2、4、6、8	2、4、6、8 分别表示相邻判断 1～3、3～5、5～7、7～9 的中值
倒数	表示因素 u_i 与 u_j 比较得判断 U_{ij}，则 u_i 与 u_j 比较得判断 $U_{ji}=\frac{1}{U_{ij}}$

表 4-19　参评指标的判断矩阵列表

	地形坡度	地貌高程	地层岩性	表土层厚度	人类工程活动强度
地形坡度	1	8	1/5	1/7	1/2
地貌高程	1/8	1	1/3	1/5	1/9
地层岩性	5	3	1	1/2	1/5
表土层厚度	7	5	2	1	1/3
人类工程活动强度	2	9	5	3	1

经过方根法计算得出的特征向量值分别为：坡度 0.153 3、高程 0.077 7、地层岩性0.187 2、表土层厚度 0.279 3、人类工程活动强度 0.302 6。同时得到最大特征根 $\lambda_{max}=5.4361$。

(3)一致性验证。本书对所构建的专家评价判断指标的一致性进行计算检验，得出结果为 CR=0.098 0<0.1，符合一致性要求，权重分配合理，可以使用。

2. 易发区分区

将上述 5 个因子采用“层次分析法”中的层次结构模型、层次排序和矩阵判断，确定各影响因子的权重系数，最后进行叠加分区，最终生成地区地质灾害易发分区图(图 4-18)。

$P=0.1533\text{PDYZ}+0.0777\text{GCYZ}+0.1872\text{YXYZ}+0.2793\text{HDYZ}+0.3026\text{QDYZ}$

式中：PDYZ 为坡度因子；GCYZ 为高程因子；YXYZ 为岩性因子；HDYZ 为表土层厚度因子；QDYZ 为人类活动强度因子。

将易发分区图划分为 3 个等级，这 3 个等级主要为：① Ⅰ 级，地质灾害低易发区；② Ⅱ 级，地质灾害中易发区；③ Ⅲ 级，地质灾害高易发区。

地质灾害易发程度概率量化指标标准如表 4-20 所示。

4. 地质灾害气象预报预警模型

基于大气降雨的观测，借助降雨量、降雨强度和降雨过程与滑坡在空间上、时间上的对应关系开展预报预警，是目前区域降雨型滑坡预报预警的主要手段。

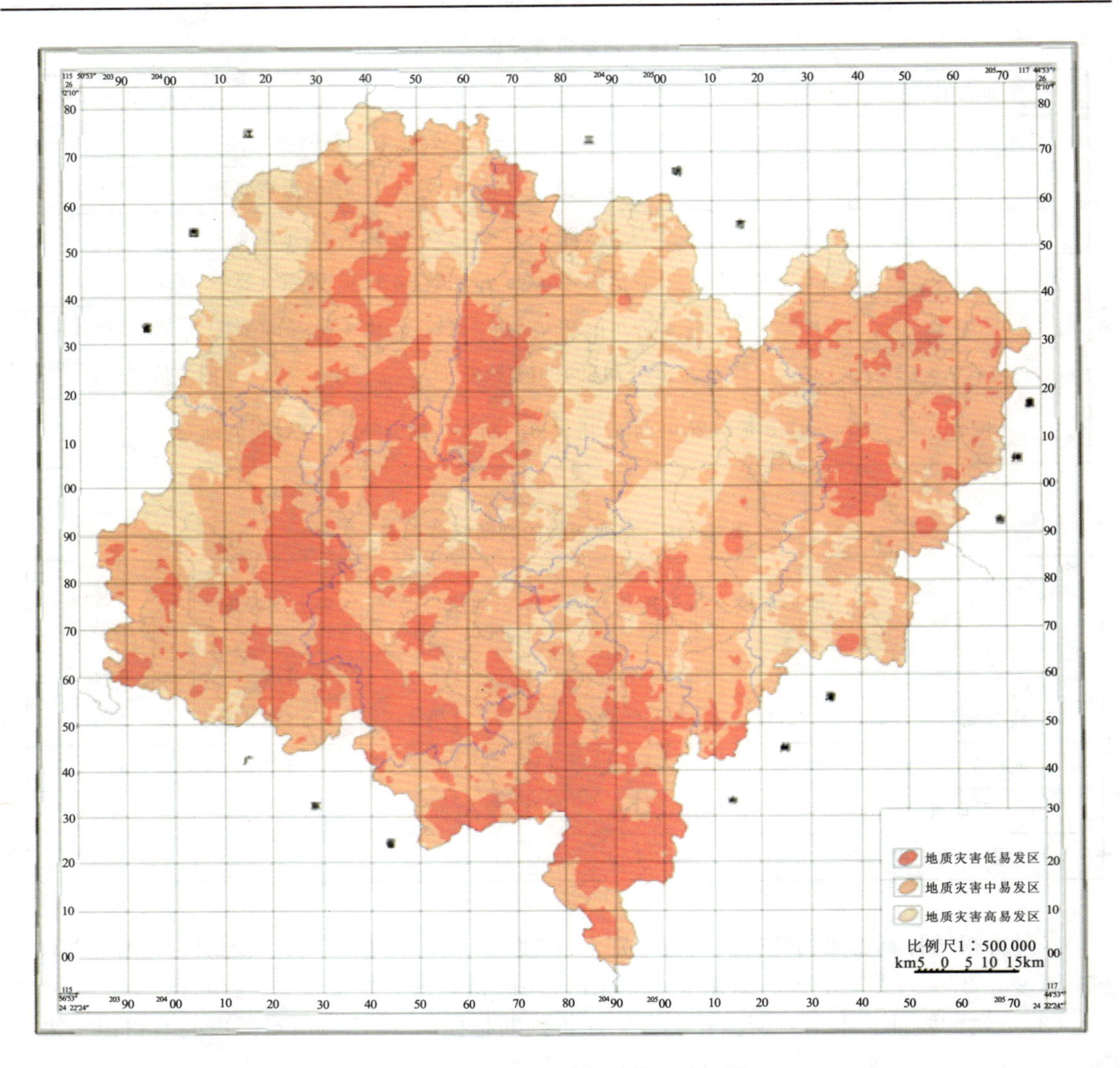

图 4-18 地区地质灾害易发分区图

表 4-20 地质灾害易发程度概率量化指标标准表

易发程度	低易发区	中易发区	高易发区
易发性分区(P)	$P\leqslant 2.416$	$2.416<P<3.179$	$P\geqslant 3.179$

本次研究主要选取预报前3日过程降雨量和未来24小时的预报雨量作为气象要素，结合地区地质灾害易发区划，对地区地质灾害气象预报预警进行了探索。

将地质灾害易发性分区图与综合降雨信息(预报前3日累计过程降雨量和未来24小时预报降雨量)进行叠加，综合相关分析，建立地质灾害预报预警模型。

预报预警模型：

$$A=a\times P+b\times R \tag{4-10}$$

式中：A 为预报预警等级；P 为地质灾害易发性；R 为综合降雨信息；a、b 为权重系数。

根据此模型在地理信息系统中计算每个网格单元并评价之后，形成区域地质灾害预报预警分区图，预报预警等级划分为5个等级。1级：发生地质灾害的可能性很小；2级：发生地质灾害的可能性较小；3级：发生地质灾害的可能性较大；4级：发生地质灾害的可能性大；5级：发生地质灾害的可能性很大。

为了能更加直观地考察评价结果的情况，系统通过颜色设置对评价结果进行美化处理，按照国际通用标准用红、橙、黄、绿、蓝5种颜色对地质灾害预报预警等级由高到低的区域依次赋以对应的颜色（表4-21）。

表4-21　滑坡预报预警等级划分

序号	预报预警等级	表达形式	注释	是否预报
1	1级	蓝色	发生地质灾害的可能性很小	不预报
2	2级	绿色	发生地质灾害的可能性较小	不预报
3	3级	黄色	发生地质灾害的可能性较大	预报
4	4级	橙色	发生地质灾害的可能性大	预报
5	5级	红色	发生地质灾害的可能性很大	预报

第七节　系统总体设计

一、系统设计原则

地质灾害气象预警系统建设既要满足近期要求又要适应长远的需要。为确保系统建设达到预期目标，在系统设计时要遵循“先进性、实用性、确保功能、高可靠性、高性能、标准性、经济性、灵活性和可扩展性”九大原则，统筹规划，分布实施，先确定技术路线，科学选择技术方法，认真进行集成操作。

1. 先进性原则

为了让系统的生命力更强，必须建设一个技术先进的地质灾害气象预警系统，因此要尽可能地选用当前最先进的软件、硬件及通讯网络，采用先进成熟的技术、先进的管理方法和决策支持方法，为地质灾害气象预警工作提供先进的服务。GIS基础平台将采用国内技术最先进、性价比较高的最具代表性的MapGIS K9软件平台，该平台不仅是现阶段成熟的先进产品，而且是同类产品的主流，符合今后的发展方向。数据库将采用大型商用数据库系统SQL Server，利用MapGIS的SDE技术可以将空间数据直接存放于商业数据库中。在软件开发思想上，严格按照软件工程的标准和面向服务的理念来设计、开发，保证系统开发的高起点。

2. 实用性原则

应用系统的实用性是直接影响系统运行效果和生命力的最重要因素，也是系统开发要无条件遵循的原则。地质灾害气象预警的主要用户是地质灾害防治工作相关的管理人员、专业技术人员、行政人员，因此，必须要保证系统的简易性、通俗性。

3. 确保功能原则

在系统集成过程中，不允许以减少或降低运行平台和各系统成果的原有功能为代价。采用相应的技术和手段，进行系统集成时，应保障集成后的统一平台功能不会比集成之前的多个分散式平台的整体功能弱；同样，也应保障集成后的软件系统功能也不会比集成之前在多个平台上分别运行的软件功能总和差。系统功能包括平台功能和应用功能两个方面，平台功能是指系统运行平台集成之后的总体处理能力，应用功能是指与地质灾害气象预警业务密切相关的各个应用子系统的实用功能。任何情况下，都不能以牺牲或限制系统平台和应用功能为代价，进行系统的组装和整合。

4. 高可靠性原则

在系统集成过程中，应尽可能地采取相应的技术手段来提高而不是降低系统的可靠性，保证系统数据的高可用性并提供7×24小时的Web服务以及高可靠性的数据备份、恢复和容灾机制。系统要采用稳定性高、可用性好的软、硬件产品保证系统运行的稳定性，如在网络环境下对空间图形的多用户并发操作要具有较高的稳定性和响应速度，保证系统应用中最低的故障率，确保系统良好运行。提高运行、运算效率是提高工作效率的重要方面，系统应在适当的部位做适当的优化。

5. 高性能原则

在系统集成过程中，应尽可能地采用相应的技术手段以提高而不是降低系统的性能指标，集成后的整体系统性能应该不低于集成之前分散运行的各子系统的平均性能。如果在集成过程中遇到需要牺牲系统性能的处理时，应该慎重考虑。

6. 标准化原则

系统的标准化、规范性是该系统建设的基础，也是与其他系统兼容和进一步扩展的根本保证。整个地质灾害气象预警系统建设的规范标准及制订应完全遵照国家规范标准和有关行业规范标准，根据系统的总体结构和开发平台的基本要求，完成如下标准化的工作：

(1)建立统一、规范的数据库数据字典；

(2)建立符合国家标准要求的图式符号系统；

(3)设计统一的设计风格、界面风格、提示信息和操作模式；

(4)建立开放式、标准化的数据输入、输出界面。

7. 经济性原则

地质灾害气象预警系统的建设应尽可能地利用现有的资源条件(软件、硬件、数据和人员)，按"统筹规划、分步实施"的原则，在规定的时间内高质量、高效率地实现系统建设目标；在满足系统需求的前提下，选用性价比最好的设备，充分利用现有新疆地质环境监测站系统的资源，合理统筹分配各系统之间的软、硬件环境等。总之，应以最低成本、最快速度来完成本系统的建设。

8. 灵活性原则

在系统集成过程中，应尽可能地采用灵活的技术手段来实现系统集成的目标，而具体运用何种方法和技术并没有一成不变的约束规则。系统集成的灵活性原则，还允许随着运行环境的变更，灵活机动地调整和修正系统集成的方案，以提高系统集成方案的适用性。另外，也允许在不违背其他系统集成原则的基础上，最大限度地优化集成过程和简化集成技术，以降低系统集成本身的成本。

9. 可扩展性原则

在系统设计选型时，硬件及软件选用标准化产品，既可增加产品的选择范围又可保障今后的升级和扩展，以减少更新换代时的成本投入。

系统应充分考虑地质灾害气象预警系统未来信息量与业务量增长的需要，提炼出计算机整体应用特有的构件，统一数据接口标准与规范，为各业务系统及整体应用系统的接入预留接口，以增强系统的弹性、通用性与可替换性。在涉及到不同的网络操作系统和应用软件运行环境时，尽量使用国际标准协议和标准接口，以便适应今后技术发展和需求变化，对系统进行扩展或升级时不受厂家限制。

二、系统总体框架设计

依据国家有关安全体系与标准规范体系，将福建省地质灾害气象预警系统设计为 5 层体系架构，即数据层、MapGIS 支撑层、共享服务层、功能层和用户层。系统将实现地质灾害防治管理信息化、信息传输网络化、地质灾害预报预警科学化、地质灾害信息服务社会化。

本系统的体系结构如图 4－19 所示。

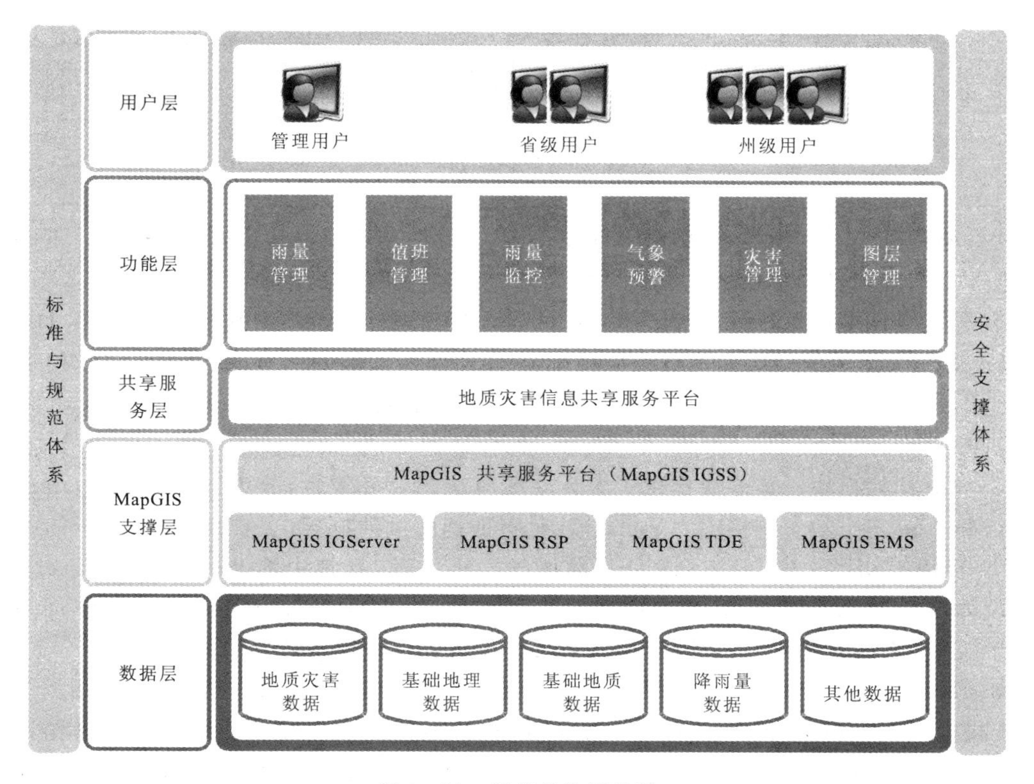

图 4－19　系统总体框架图

三、软件架构设计

系统在设计时采用多层架构 MVC 设计，即 Model&Data——数据访问层、Controller——业务逻辑层、View Layer——表示层，系统的实现以此为基础，且应用目前技术最新、最成熟的 Microsoft MVC3.0 搭建基本框架，将这 3 层结构独立出来，框架的层次关系如图 4－20 所示，图中还包含系统的模块设计。

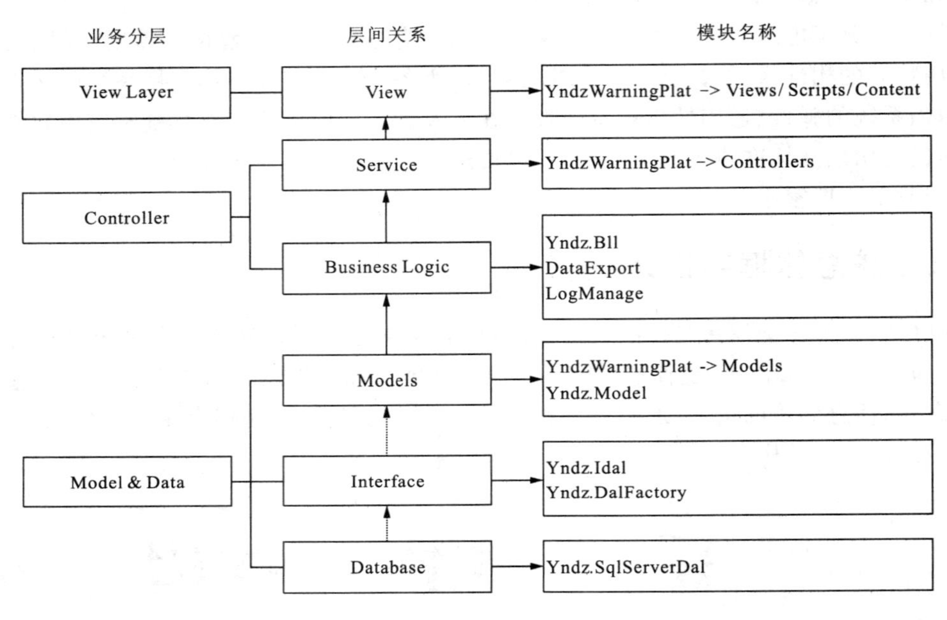

图 4－20　软件架构分解图

软件架构分为 3 个模块，分别是界面设计模块、核心功能模块和数据存取模块。下面分别介绍这 3 个模块和其中重要的类设计。

（1）界面设计模块。该模块封装了系统的各个界面和一些基本交互的方法，包含 HTML、CSS、JavaScript 组成的网页和网页响应操作，只负责系统前端的内容，负责发送请求给后台服务器。用户界面（UI）和函数位于 YndzWarningPlat 下面的 Views/Scripts/Content 文件夹中。

（2）核心功能模块。该模块提供了五大功能模块的业务逻辑，分为 Yndz.Bll、DataExport 和 LogManage 三个动态链接库。Yndz.Bll 负责处理雨量数据导出、查询，预警分析的各步操作，图层管理等功能。DataExport 负责数据的导出处理，系统中涉及到大量的 excel 表格、TXT 文本文件和图片的导出，都集中在此模块完成。LogManage 实现记录系统中每一步重要的操作进入系统日志的管理功能，并实现系统设置中日志管理的功能。

（3）数据存取模块。该模块的独立是为了更好地实现系统对数据的兼容性，使用类工厂的系统架构方式，实现对不同格式的雨量数据在 SQL Server 数据库中的增删改查操作。还包含.Net 4.0 的实体关系模型映射的应用、批处理等操作，应尽可能地简化代码的编写量，并提高存取数据库的效率。

四、系统基本信息流程设计

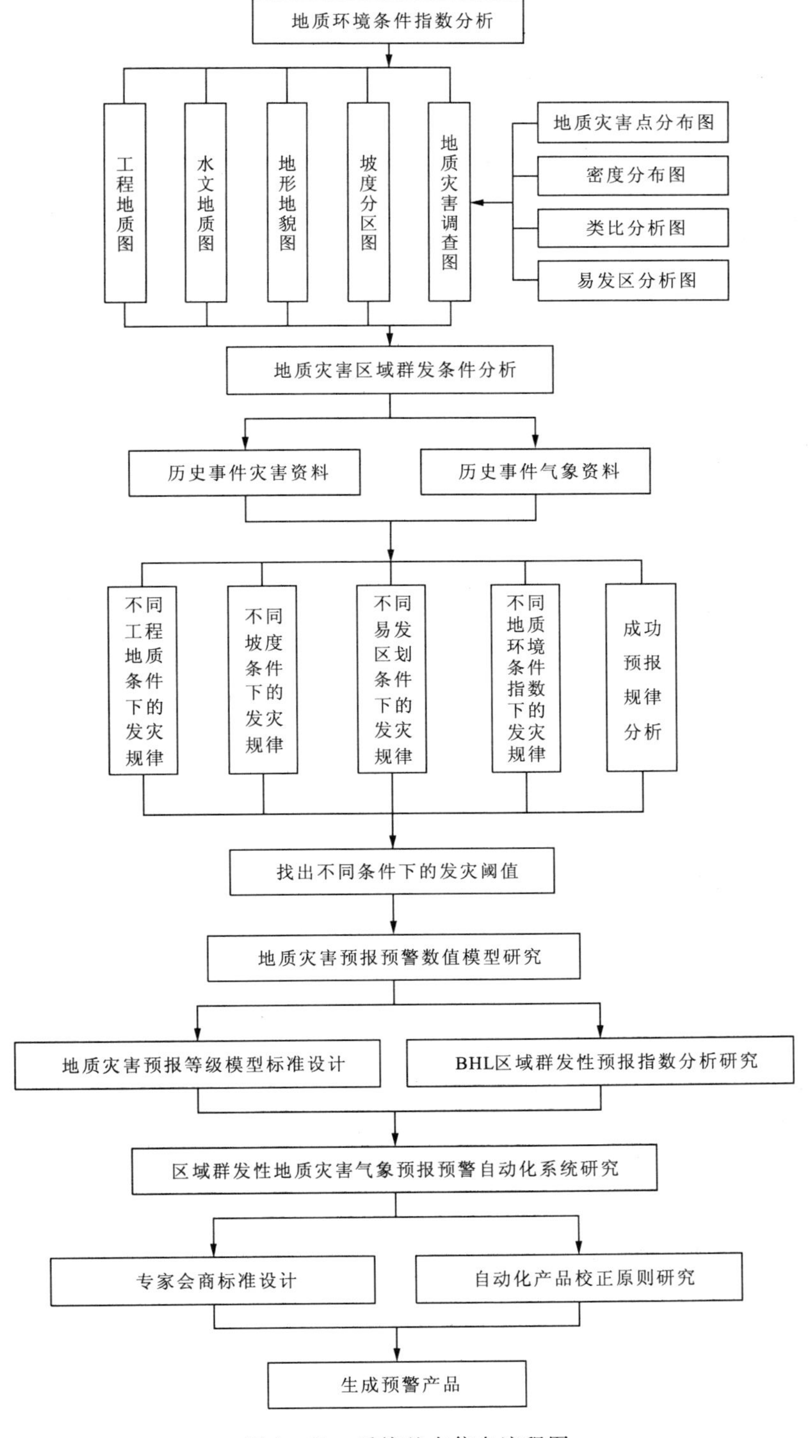

图 4－21　系统基本信息流程图

第八节 数据库设计

应用MapGIS K9大型分布式GIS平台的数据中心技术，系统严格地按照国土行业的相关数据标准，将各类涉及地质灾害的管理数据如二维地图、三维地图、基础地质、基础地理、雨量站点信息、地质灾害专题数据、影像数据和其他业务管理数据统一集中到数据中心进行管理。数据库的设计秉着减少数据冗余度的原则，提供共享程度，减少投入，充分利用存储空间的原则，保证本系统与其他信息系统之间的数据关联。此外，能够满足GIS软件的规则要求，也是在数据库设计过程中的设计原则之一。

1. 地质灾害气象预警数据库存储设计

地质灾害气象预警系统数据库内容根据其类型和特点，其存储方式可概括为以下几种。

(1)以业务属性数据为主、空间数据为辅的业务数据库(例如灾害点信息、动态监测信息等)，可以基于SQL Server实现空间属性一体化存储。

(2)以不同格式存储的数字化资料，数据大多以图幅为单位，多为调查成果或项目成果，例如1∶25万水文地质图、区县地质灾害调查报告等，这类数据需要应用数据中心的应用工具进行处理、入库。

(3)基于数字化成果，经综合研究、加工处理后生成的数据产品，例如基于ArcGIS拼合处理后的全国水文地质图，可通过SQL Server实现空间属性一体化存储，并通过MapGIS IG-Server提供信息服务。

(4)基于业务数据库和指标体系，结合基础数据库，经统计分析、数据挖掘、加工处理后形成的信息产品。

2. 数据模型与数据结构设计

数据模型是对现实世界数据特征的抽象，是对客观事物及其联系逻辑组织的描述。在数据库技术中，用模型的概念描述数据库的结构与语义。

常用的数据模型有概念数据模型及逻辑数据模型两类。概念数据模型的典型代表是"实体-关系模型"；逻辑数据类型是直接面向数据库的逻辑结构，包括层次模型、网状模型、关系模型和面向对象模型。

逻辑数据模型由数据结构、数据操作及完整性约束条件三要素组成。其中关系模型是以记录组或数据表的形式组织数据，数据结构简单清晰，便于各类属性数据的存储与管理，也是"地质灾害气象预警系统"采用的主要数学模型。

1)空间数据模型

空间数据表示空间实体的位置、形状、大小及其分布特征诸多方面的信息，具有定位、定性、时间和空间关系等特性。

空间数据模型是关于现实世界中空间实体及其相互间的联系，是将复杂的地理事物和现象抽象到计算机中进行表示、处理和分析，为描述空间数据的组织和设计空间数据库模式提供基本方法。空间数据逻辑模型是以计算机能理解和处理的形式具体地表达空间实体及其关系。

地质灾害空间数据主要有矢量数据、栅格数据、矢量—栅格数据及 TIN 数据等。矢量—栅格数据模型主要用于专题空间数据建模，如面状实体边缘采用矢量数据模型描述，其内容采用栅格数据模型表达。

本系统的空间数据库统一采用 SQL Server Spatial 实现空间数据和属性数据的一体化存储，专题空间数据一般应用 GIS 进行拼合处理后实现空间属性一体化存储，并通过 MapGIS IGServer 进行发布，提供信息服务。

2)非空间数据模型

非空间数据指与空间位置没有直接关系的表示实体特征的数据。

非空间数据模型是将大量的属性数据按一定的模型组织起来，提供存储、维护、检索数据的功能。

属性数据按结构特点又可分为两类：结构化数据（表格型数据）和非结构化数据（文档数据、多媒体数据等）。

3. 数据库逻辑分类(图 4 - 22)

1)空间数据库

空间数据包括基础地理数据、影像图数据、基础地质数据、灾害专题数据和元数据。

(1)基础地理数据。基础地理数据包括 1 ∶ 5 万、1 ∶ 1 万、1 ∶ 5 000 地形图数据。

其中水系、等高线、境界、交通、居民地等地形要素，按照矢量数据标准构建成数据库。除了反应地理信息的相关数据外，还包括地理要素之间关系的拓扑数据以及业务相关的属性数据。

(2)影像图数据。根据像片的内外方位元素以及地面数字高程模型对数字化的航空影像进行数字微分纠正得其正射影像，随后进行影像镶嵌、图廓裁切，生成图幅影像层数据，最后与图廓整饰、公里格网以及地名注记数据复合而形成数字正射影像图。它既能达到地图的精度，又能直观地将地理信息通过影像的形式反映出来。

(3)基础地质数据。基础地质数据包括各种比例尺的水文地质、工程地质、地层构造数据。

(4)灾害专题数据。灾害专题数据包括地质灾害专题图、防治规划图、易发区分布图等。

(5)元数据。元数据是用来组织和管理空间信息的数据，主要有矢量元数据和栅格元数据。关于数据源的相关信息，如分层信息、空间参考、数据精度、数据评价、图幅接边等信息均存放在元数据当中。

2)地质灾害气象预警数据库

气象预警数据库，主要用于组织、存储历史气象预报数据、历史地质灾害预报成果、模型评价因子、历史发送消息集等信息。该库用于系统基本运行支撑、历史数据回溯查阅，由以下主要数据构成：气象站点信息表、气象监测记录表、气象预报信息表、预警模型因子表、预报预警成果表、发送短信息管理表。

3)地质灾害预报预警模型库

用户地质灾害预报预警分析的模型数据库，包括各类模型因子、权重参数等。

4)地质灾害业务数据库

地质灾害业务数据库主要是本系统涉及地质灾害管理以及预报预警的相关内容信息，以县(市、区)划调查为主，主要包括地质灾害点信息、地质灾害灾情信息、专业调查数据等。

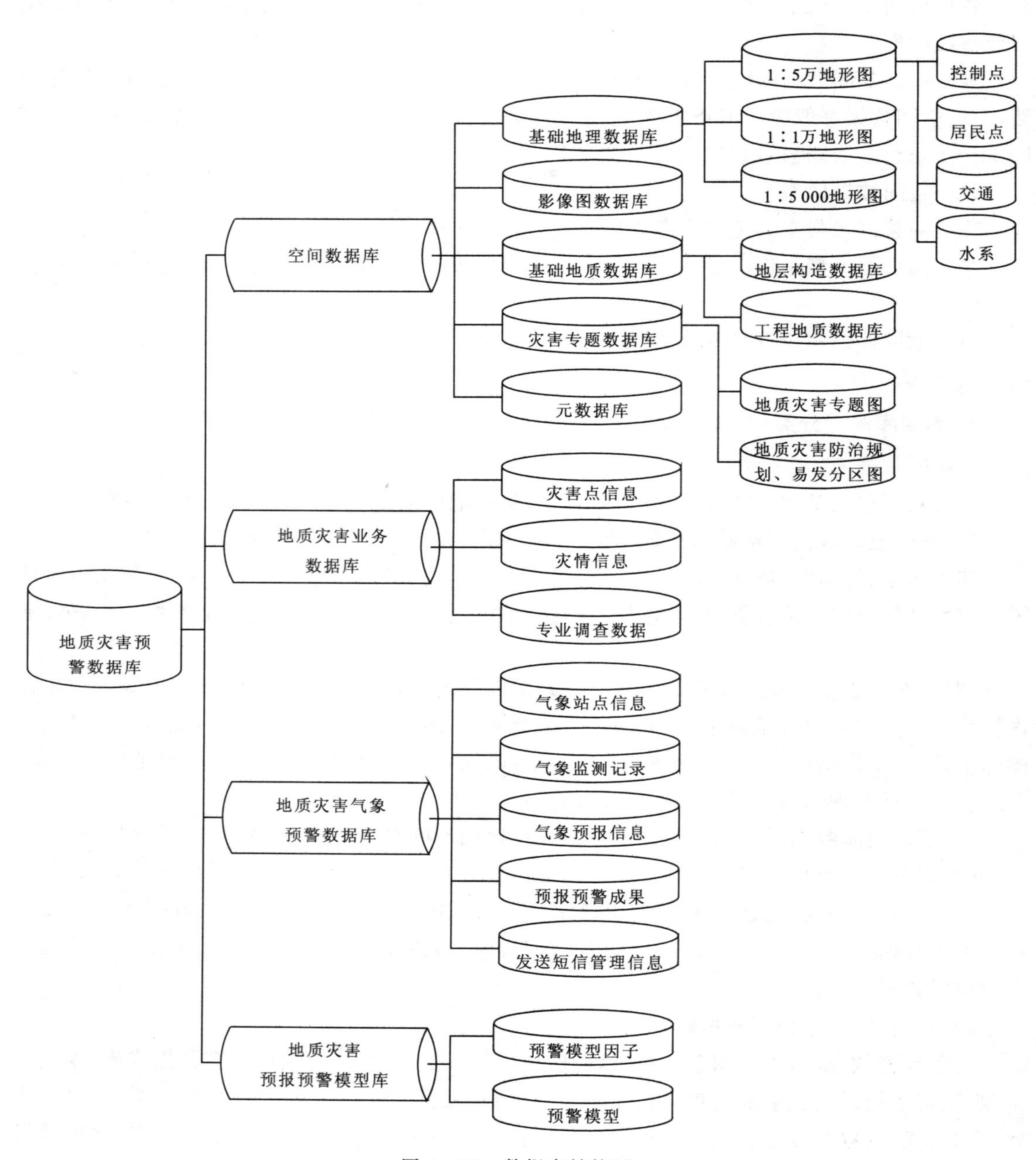
地质灾害预警数据库
空间数据库
基础地理数据库
1∶5万地形图
1∶1万地形图
1∶5 000地形图
控制点
居民点
交通
水系
影像图数据库
基础地质数据库
地层构造数据库
工程地质数据库
灾害专题数据库
地质灾害专题图
地质灾害防治规划、易发分区图
元数据库
地质灾害业务数据库
灾害点信息
灾情信息
专业调查数据
地质灾害气象预警数据库
气象站点信息
气象监测记录
气象预报信息
预报预警成果
发送短信管理信息
地质灾害预报预警模型库
预警模型因子
预警模型

图 4-22　数据库结构图

第九节　图层设计

1. 图层设计的基本要素

(1)主体要素,根据预警目标区的地质环境要素确定。

(2)基本精度,根据获取数据信息的精度确定。

(3)空间区划,根据预警目标的尺度、实际需要和数据信息精度综合确定。

(4)预警时间,根据激发因素观测精度与服务能力确定。

2. 分类信息图层

一个完善的预警系统体现为相关因素信息图层的灵活输入与输出,并快速形成需要的产品,主要包括:

(1)基础信息图层设计;

(2)地质灾害潜势度或敏感度图层的输出;

(3)诱发信息图层的输入;

(4)危险度图层的输出;

(5)承灾体信息图层的输入;

(6)危害度图层的输出;

(7)雨量等值线图层的输出;

(8)地质灾害预警成果图层的输出。

第十节　地质灾害气象预警模型设计

地质灾害气象预警模型的设计要因地制宜,遵循本地区的地质灾害防治规划要求和地质灾害防治条例,以区域性斜坡类地质灾害(崩塌、滑坡、泥石流)为主要研究对象,参考国内已经成功应用的预报预警系统,针对本地区的特点,分析研究与其相适应的地质灾害时空预报预警模型。

一、模型设计思路

预警模型是地质灾害气象预警系统的核心,在实际应用中要根据该地区地质灾害的致灾特征,在地质环境因子和降雨诱发地质灾害相关分析的基础上确定气象预警模型。区域内地质灾害发生的可能性大小与区域内引发地质灾害的地质条件等内在因素(如地貌类型、岩土类型)和外在因素(如降雨量、人类活动密集程度等)有着十分紧密的联系。在统计现有的地质以及地质灾害资料的基础上,分析各个因子与地质灾害发生的关联性,选取地形地貌、地层岩性、表土层厚度、人类工程活动、地质构造、降雨量等引发地质灾害的主要因素作为模型研究的基础;选择过程降雨量、预报降雨量作为动态因子;再选择地质灾害点的地质条件资料作为固态因子;通过实地勘察所得的检测数据,进行理论分析和专业的预测,不断地对模型进行改良,提高预报的准确性。

二、致灾因子分析

地质灾害的发生除受其地质条件因素的控制外，也受外界因素的诱发，如降雨、融雪、地震、工程施工、交通等，这些因素都可导致地质体的孔隙水压力、所受外界荷载发生变化，从而导致地质灾害的发生。其中，降雨导致地质灾害发生的现象尤为突出。绝大多数降雨型滑坡的滑动与发生均在雨季(5月—9月)或雨季中后期。然而，导致老滑坡的复活或新滑坡的产生与降雨特征参量有很多，如多日累积(或有效)降雨量、最大一次连续降雨、最长一次连续降雨、最强一次连续降雨或最大组合降雨等。不同地质条件，与滑坡发生最相关的降雨因子不同，其临界降雨量大小也不同。在采用降雨因子及其临界降雨量进行地质灾害气象预报预警过程中，应充分考虑地质体所处的地质环境的差异性，有针对性地开展工作。

搜集研究区的地质灾害资料和降雨量资料，选取具有灾害发生时间信息的灾害点作为分析样本。根据研究区地质背景或气象资料的差异性，分类后进行统计。以灾害发生的次数作为因变量，以降雨因子作为自变量，进行相关性分析，得出不同的降雨因子与地质灾害发生频数之间的相关性，选取相关性最大的降雨因子作为预报预警模型中的降雨参量。而后，分析因子在不同量值条件下对应的地质灾害发生的频数曲线，取曲线不同的拐点值作为降雨因子诱发不同危险性等级地质灾害的阈值。

地质灾害发生具有必然性、周期性、群发性、可预警性等特点。本书将所有致灾害因素分为内部因子和外部因子。内部因子包括地貌类型、岩土类型、表土层厚度、地质构造密度等。内部因子经历了漫长演变的地质现状，在短时间内不会改变，同时内部因子也是地质灾害发生的主要因素。外部因子为地质灾害诱发因子，主要有气候条件、人类活动密集程度。

1. 地形地貌

地质灾害发生最重要的因素就是地形地貌。基于现有所收集的资料来看，主要考虑与自然坡度、地面高程的相关性。

1)自然坡度

滑坡等地质灾害的发生本质上就是坡度下降过程，地形坡度在很大程度上影响了斜坡的稳定性。坡度决定斜坡体的应力分布范围以及地表径流等，直接影响着斜坡的整体稳定性。根据录入地质灾害数据库的滑坡和崩塌的数据资料，统计灾害发生前的原始坡度与地质灾害的关系。统计结果显示，大部分滑坡灾害主要发生在20°～35°的坡度区间，占灾害总数的43％；35°～50°的坡度区间，灾点发生的数量也比较大，占总数的30％；对于崩塌灾害，统计结果显示主要发生在大于50°的坡度区间。根据数据资料分析以及其影响精度，我们将坡度划分为5级状态，即小于15°、15°～25°、25°～35°、35°～50°、大于50°。

2)地面高程

高程与斜坡变形具有一定的相关性，不同高程范围内的植被类型和植被覆盖率会有所不同，除此之外，地形坡度存在差异容易造成洼地以及滑坡滑动临空面。不同高程范围内的人类活动密集程度也有所不同。根据高程将整个区域划分为低丘陵地区(小于50m)、丘陵(50～500m)、低山区(500～1 000m)、低中山区(1 000～1 500m)、中山区(大于1 500m)。统计在这5个区间内地质灾害发生个数与其的相关性，结果显示，滑坡崩塌类地质灾害几乎发生于低山区及丘陵地区。一般海拔在500m以下的丘陵台地范围内灾害发生频率最高，其次是在500～1 000m的低山范围内，而高程大于1 000m后灾害发生率较低。这与低山丘陵区域主要为人口聚集地和人类工程活动区有关。

2. 地层岩性

地层岩性是地质灾害发育、发展的基础条件，是致灾体的物质来源。区域内的主要岩体可以分为五大类：侵入岩类、变质岩类、火山岩类、沉积岩类和第四系地层，不同母岩风化程度及残坡积层发育厚度控制着地质灾害的发生类型、形成机率和生成规模。选取调查数据较完整的土质滑坡灾害与不同地层岩组之间的单位面积致灾率进行统计，结果显示，土质滑坡单位面积内灾害发生率变质岩类地层在各岩组中均排在第一位，火山岩排第二位，侵入岩排第三位，沉积岩最少。

3. 表土层厚度

表土层厚度决定了地质灾害的物质来源并控制着地质灾害的发生规模。福建省的大部分灾害为土质类崩滑灾害，且致灾体多为表层残坡积土体。因此，在地质灾害的预报预警模型因子的选取中，表土层的发育厚度也是不可忽视的基础因子。通过统计滑坡体厚度与灾害点的关系可以看出，滑坡灾害多为滑体厚度小于6m的浅层土质滑坡灾害，浅层土质滑坡灾害发生最多的是滑体为2～4m的区间，其次是小于2m的区间，4～6m的区间最少，而大于6m区间的灾害不到5%。

4. 人类工程活动

人类工程活动对地质灾害的发生影响较大，人类工程活动强度与人口密度、重大工程建设大致成比例。

5. 地质构造

地质构造中的破碎带和不利结构面是导致很多地质灾害发生的重要因素，如断层破碎带裂隙发育，岩体破碎，岩石抗侵蚀、溶蚀、风化的能力大大降低，这是地质灾害较容易发育的部位。一般呈条带状较密集分布的滑坡、崩塌、地面塌陷等群发性地质灾害体都与区域构造带控制有关。

6. 降雨量

地质灾害的诱发因素主要有降雨、地震等。大部分崩滑灾害主要是由于降雨引发的，所以在地质灾害预报预警模型中必须考虑降雨量因素。本系统中只考虑有效降雨量。

三、预报预警模型库

1. 有效降雨量阈值模型

由于一次降雨并不会导致地质灾害的发生，而每次降雨量中也只有部分对地质灾害发生起作用，累积降雨量显然不能作临界降雨量，可用一段时间的当天降雨量分别乘以有效降雨系数得到有效降雨量。有效降雨系数的确定采用了幂指数形式和直线递减的形式，其中幂指数形式计算公式如式(4-11)所示；直线递减形式在计算有效降雨量时，当天降雨量的有效降雨量系数取为1，60天(或30天)的有效降雨系数取为0(认为基本对地质灾害的发生无影响)，计算公式如式(4-12)所示。可将两种计算方法进行比较，取相关性系数大的作为有效降雨量的计算模型。

$$R_c = R_0 + \alpha R_1 + \alpha^2 R_2 + \cdots + \alpha^n R_n \tag{4-11}$$

$$R_c = R_0 + \frac{n-1}{n} R_1 + \frac{n-2}{n} R_2 + \cdots + \frac{1}{n} R_{n-1} \tag{4-12}$$

式中：R_c 为有效降雨量；R_0 为当天降雨量；R_n 为 n 日前降雨量；α 为系数；n 为经过的天数。

2. 预报预警模型

基于地质灾害气象预警系统数据库，通过对地质灾害分布规律、敏感因子、诱发因素的研究，利用多因子叠加的综合指数模型、多元统计分析、信息量、灰色系统、层次分析法、多级模糊数学评判、人工神经网络(ANN)、敏感性分析、蒙特卡罗模拟和概率分析等方法，针对预警目标区的问题进行模型比选分析计算，以2～3种概率统计方法为主，多种数学模型对比研究验证，形成地质灾害气象预警指标体系和预警模型库。

四、评价指标体系

气象预警评价指标体系是实现地质灾害信息定量化表达、开展区域地质灾害评价和预警区划的依据，将不同的影响因素分为不同的指标(影响因子)来分析其与地质灾害之间的规律性关系，是建立地质灾害预报预警模型的基础(表4-22)。

表4-22　评价指标体系

评价因子	地形地貌			地震烈度	构造	岩土体类型	河流	降雨量	人类工程活动	
	高程	坡度	地貌类型	地震烈度	断裂密度	岩土体类型	河流密度	年均降雨量	路网密度	矿业开发强度

指标的选取应尽量真实地反映地质灾害发生的原因，建立一个目标明确、结构清晰的多因素、多层次的综合性指标体系。同时还应考虑指标体系中各个因子量化表达的可操作性，不可将所有相关和不相关的指标统统引用，这样必然导致量化困难、难以操作，还会对预警结果产生干扰，加重地质灾害预警的工作量和难度。

指标体系由基本因素和影响诱发因素两类组成。其中，基本因素单项评价因子包括坡度、坡高、工程地质岩性、斜坡结构类型、特殊地层、构造影响程度、植被覆盖率、已有动力地质现象、河流地质作用、裂隙发育状况和结构面组合情况等，诱发因素单项评价因子包括降雨(融雪)、地震、人类工程活动等。在实际评价应用中可根据具体条件进行选择，各因素之间权重根据实际研究情况通过室内模拟、现场复核，然后调整模拟，再现场复核最终确定。

五、指标体系量化

评价指标在评价预测模型中作为地质变量，必须赋予量化的值。通常情况下，从数值特征上，指标可分为两类：一类是定量指标，另一类是定性指标。如果更细致地划分，变量有3种尺度：①间隔尺度，变量用实数来表示，如坡度、坡高、降雨强度等；②有序尺度，变量用有序等级来表示，如斜坡稳定性等级分为稳定性差、稳定性较差、稳定性好3个等级(泥石流则分为高易发、中易发和低易发 3 个等级)；③名义尺度，变量用特征状态来表示，这些状态之间既没有数量关系，也没有等级关系，如工程岩组变量有松散体、软弱岩体、中等坚硬岩体、坚硬岩体等特征状态，斜坡结构类型变量有顺向斜坡、逆向斜坡、近水平岸坡、横向斜坡等特征状态。此类变量还有河流地质作用、地质构造、软弱地层、变形状况等。

对于间隔尺度的变量，可以施以实数域的数学运算。对于有序尺度的变量，若进行有序值的转换，也会有计算意义。

研究表明，地质环境与滑坡分析评价中名义尺度的地质变量占多数。对于名义尺度的变量，很难进行实数域的运算或计算结论很难解释，有效的办法是进行数据转换，将名义尺度的变量转换为有序尺度的变量。例如将工程岩组变量用工程岩组对地质体危险性的“贡献”程度来表示，即转换为松散体、软弱岩体(重度危险)、中等坚硬岩体(中度危险)、坚硬岩体(轻度危险)这样“隐式”的有序尺度的特征状态。总之，这种数据转换或量化需要有一个标准，也可根据实际情况另做特殊处理。此外，需要注意的是对不同变量必须进行所谓的压缩处理或数据的无量纲化处理，因为各变量的测量单位不一致，每个变量的表现力则不同，有时某些变量有被夸大的现象，因此要消除变量的量纲效应。

鉴于上述分析，本系统拟采用专家打分法、统计分析法，或是在研究过程中使用新的方法，通过对比选用最佳的方法。

(1)专家打分法。依赖专家的知识和经验，对该研究区的评价指标进行评分量化，包括工程岩组量化、边坡结构类型量化、地质构造的影响量化。该方法适用于任何评价预测模型，其他指标也可依此方法进行量化取值。

(2)统计分析法。选取已知样本区，并认为该样本区已经进行了危险性等级区划。计算评价指标的特征状态或基础数据(b)对危险性等级(A)的条件概率：

$$P\{b|A\}=P\{b\cap A\}/P\{A\} \tag{4-13}$$

也可以转化为计算频数：

$$P=\frac{S_i/N}{N_j/N} \tag{4-14}$$

式中：N 为已知样本总数；N_j 为危险性等级 j 的个数；S_i 为在危险性等级 j 条件下评价指标的特征状态为 i 时的个数。

如果当 P 大于 C(C 一般取[0.5～0.9]范围的某一数值)，评价指标的量化取值取相应的危险性等级。例如：评价指标岸坡结构类型为近水平岸坡，其对该区轻度危险(在危险性等级为 2 的情况下)的条件概率为 0.8，假设 $C=0.6$，此时，该指标岸坡结构类型的量化值取 2(与危险性等级相同)。此方法适用于已知样本区研究程度较高，并具有一定代表性和可比性的情况。

此外，需要注意的是，如果评价指标的基础数据为定量值，则需采用标准化、规格化、均匀化、对数、平方根等数值变换方法统一量纲，方可代入评价模型。

在选定了评价指标之后，由于这些指标多数都是定性的或者半定量的，或者虽然是定量指标(比如降雨量)，但是不能直接用于评价预测，因此还必须设法按某一个合理的原则，将定性因素转变为定量变量，并以得到的定量数据为基础建模计算，这就是评价指标的量化处理。

从上述分析不难看出，地质灾害综合研究成果的资料处理、分析量化及入库是专业模型建立的重中之重。

指标体系数据采集、建立完成后，因子之间的权重确定有待通过专家打分、模型调试、野外验证、再模拟、再验证，逐渐趋于合理。其过程如图 4－23 所示。

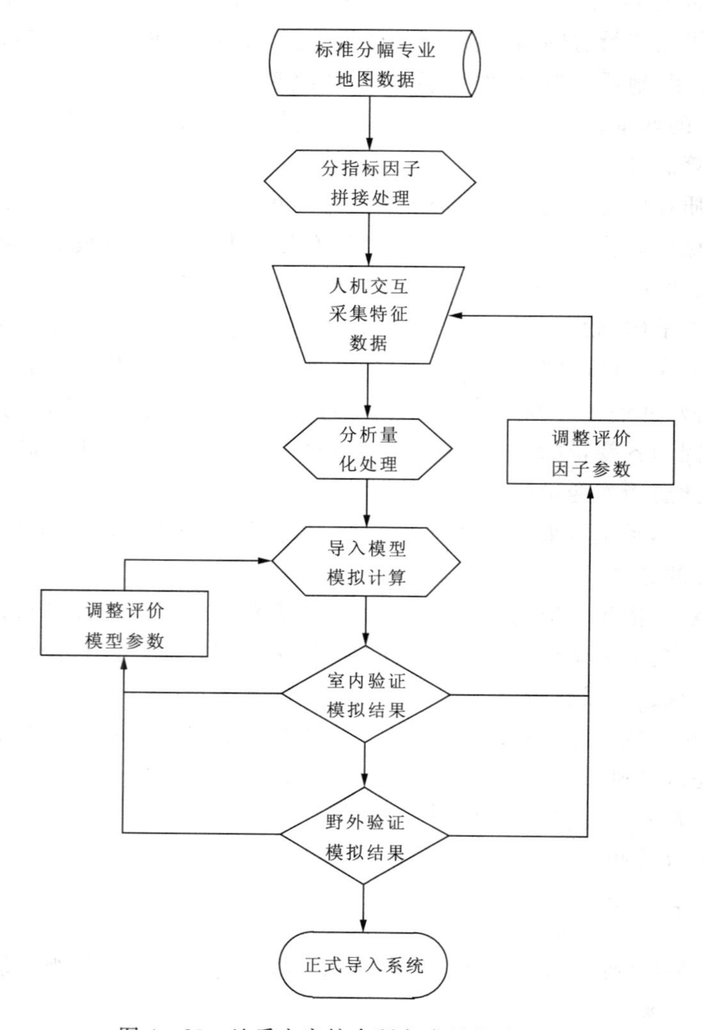

图 4－23　地质灾害综合研究成果的处理过程

六、单元格剖分

开展预警区划，需要对工作区进行单元格剖分，即栅格化，使每一个单元内部存在最大相似性而不同单元之间存在最大相异性。目前，国内外研究中划分单元格的方法主要有栅格单元(Grid－Cells)、地貌单元(Terrain Units)、单一条件单元(Unique－Condition Units)、流域单元(Drainage Units)和地形单元(Topographic Units)等。

七、地质灾害气象风险预警模型设计

地质灾害预报预警模型是进行区域地质灾害预报各项分析、运算的基础。根据对地质灾害影响因素的分析，将各因素分为地质灾害基础因素和地质灾害诱发因素两大方面，分别对应地质灾害预报预警模型中的基础因子和诱发因子。

地质灾害预报预警等级图是通过地质灾害预报预警模型运算的成果，综合了地质灾害预报预警模型的基础因子和诱发因子并利用 GIS 技术生成，如图 4-24 所示。

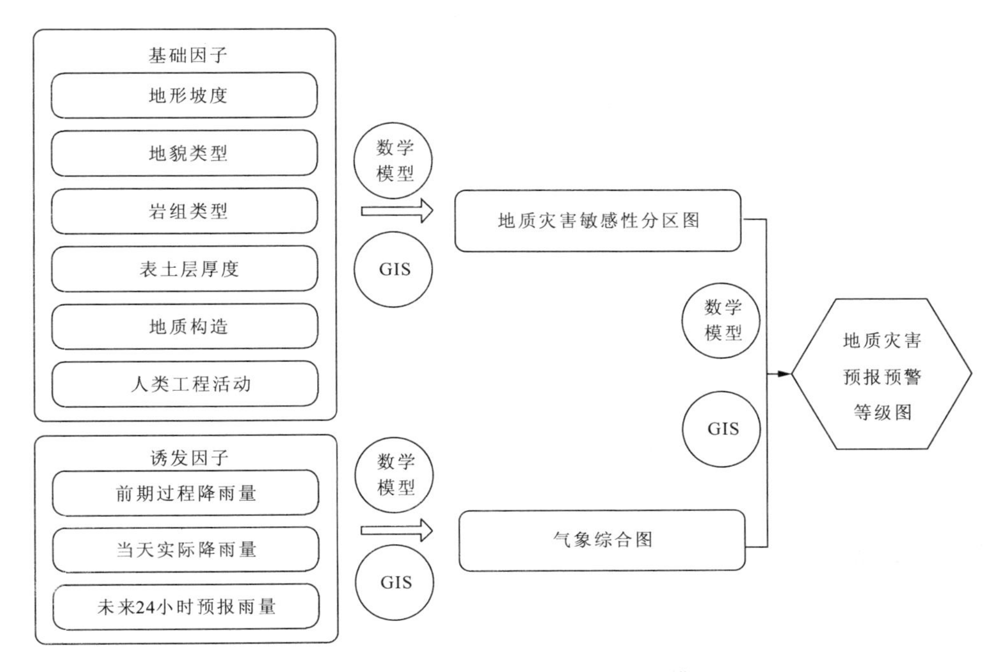

图 4-24　地质灾害预报预警图生成模型

模型说明：

1. 地质灾害预报预警模型基础因子

地质灾害预报预警模型基础因子包括地形坡度分区、地貌类型分区、岩组类型分区、表土层厚度分区、地质构造密度分区、人类工程活动分区 6 项，基于 GIS 平台，通过数学模型叠加分析可以生成地质灾害敏感性分区图。敏感性分区图中不同的区域按不同的等级被赋予不同的权重系数。基础因子对应的 6 项地质灾害动态影响因素在时间和空间轴中是相对较为固定的，因此，基础因子在一定的时间内变化相对较小，不需要频繁地进行调整其影响权重和系数。

2. 地质灾害预报预警模型诱发因子

地质灾害预报预警模型诱发因子包括前期过程降雨量、当天实际降雨量和未来 24 小时预报雨量等气象数据，如前期过程 1、3、5…天降雨量，预报当天实际降雨量，未来 24 小时预报雨量等。根据本次预警研究结果，确定将前期的有效过程降雨量和未来 24 小时预报雨量数据赋予一定的权重系数，基于 GIS 平台，通过数学模型叠加分析，即生成气象综合图。

3. 地质灾害预报预警等级图

地质灾害敏感性分区图与降雨量等级图通过一定的数学模型计算叠加分析，进行评估、调整后即得到区域地质灾害预报预警等级图，该图是进行预报预警的依据。为了能更加直观地考察评价结果的情况，系统通过颜色设置对评价结果进行美化处理，按照国家标准用红、橙、黄、绿4种颜色对地质灾害预报预警等级由高到低的区域依次赋以对应的颜色。

因此,整个地质灾害预报预警模型分析活动如图4-25所示。

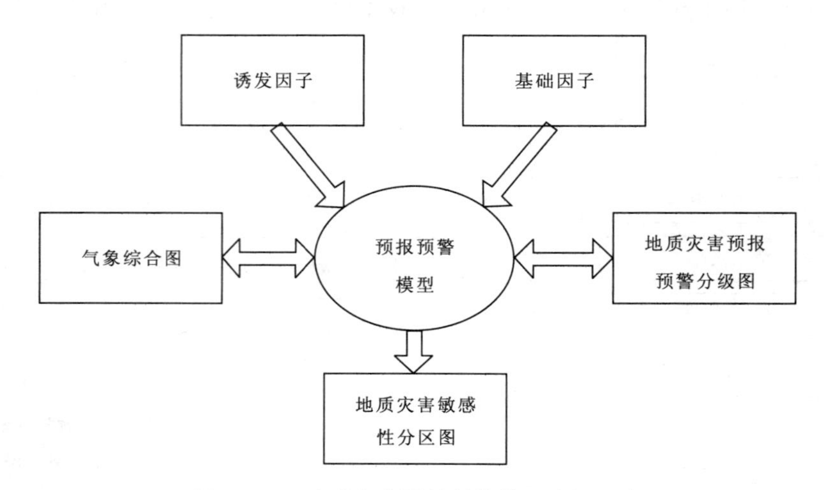

图4-25 地质灾害预报预警模型分析活动

八、模型运算

1. 图层适配性与运算精度设定

运算单元尺度的选取主要取决于所用图层的精度,并根据预警目标区的空间大小加以控制,违反精度的网格细化是没有意义的,也是一种计算资源的浪费。一般而言,一个单元应具有独立的地质灾害预警意义,这也是一种有效性原则。

多个图层的联合叠加运算应考虑不同精度的适配性问题,要研究适配(程)度,并考虑到平原区、丘陵区和山区具有不同的适配度。

不同级别行政区域或不同尺度空间区域都涉及信息图层精度的一致性问题,具体应用时可以分大区进行信息归一化,定制模块并根据需要拼接。如国家级或100万km^2以上区域,地质灾害空间预警精度采用(1∶100万)～(1∶250万)比例尺,预警计算单元控制在100km^2,即10km×10km。

2. 分类运算

基础运算是针对给定地区或"典型地质环境单元",使用基础信息图层进行给定精度下的地质灾害潜势区划单元(地质环境变化的敏感性单元)计算,简称"单元潜势",用于确定地质灾害"潜势"等级。在此过程中,可以用单元"潜势度"抽样检验"发育度"(对于未调查的空白区)。反之,用单元"发育度"验证相应的"潜势度"(对于不同精度的调查区)。

动态运算是在基础运算的基础上,充分考虑基础潜势度或敏感度(斜坡稳定性)的准确性,叠加准静态信息图层,进行地震区、气候变化区和人类活动区等准周期因素下的一种暂态计算。

预警运算是在基础运算或动态运算的基础上,输入新发布的激发信息图层,计算给出一定范围、一定时段"预警计算单元"的危险等级,用"危险度"指数来衡量。

3. 分区运算

分区运算是一个适应不同尺度区域或不同层级管理需要的应用问题，相应的预警研究区域是自然区分级的地质环境分区模块和行政区分级的行政区划分模块。

第十一节　功能模块详细设计

一、雨量管理模块

雨量管理模块是对气象实况雨量、水利实况雨量、预报雨量3类雨量数据的综合管理，其功能包括了对雨量数据的采集、处理、查询、展示、导出、空间展示等。

雨量管理模块结构图如图4－26所示。

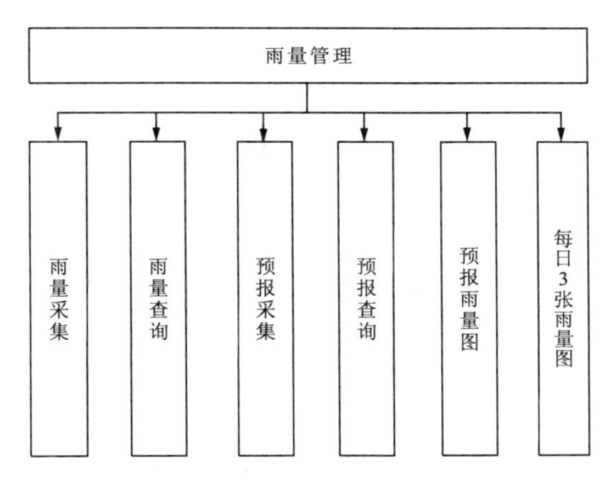

图4－26　雨量管理模块功能结构图

雨量管理模块的整体流程图如图4－27至图4－29所示。

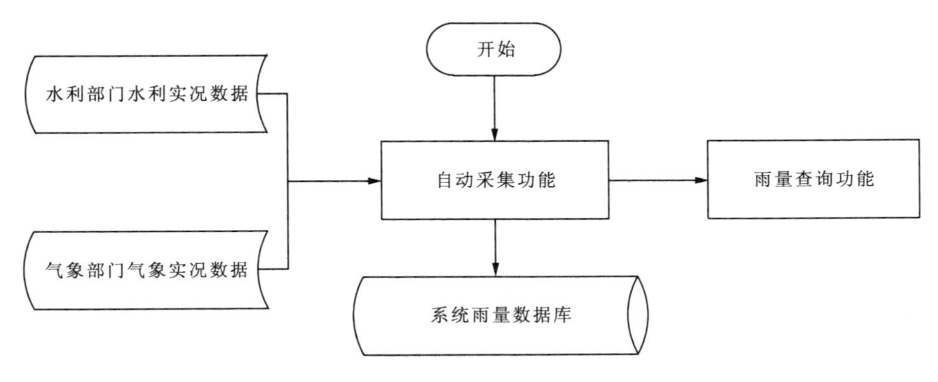

图4－27　实况雨量采集与查询流程图

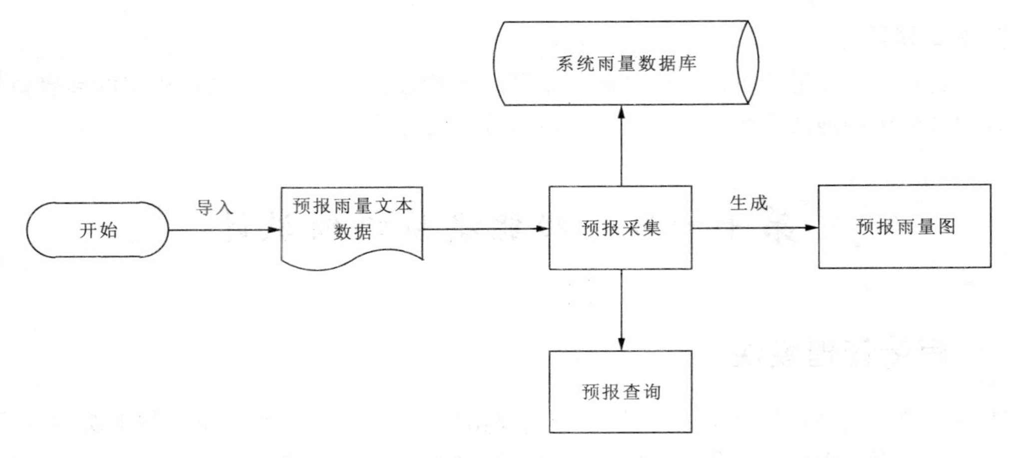

图 4-28 雨量采集、查询与预报雨量图

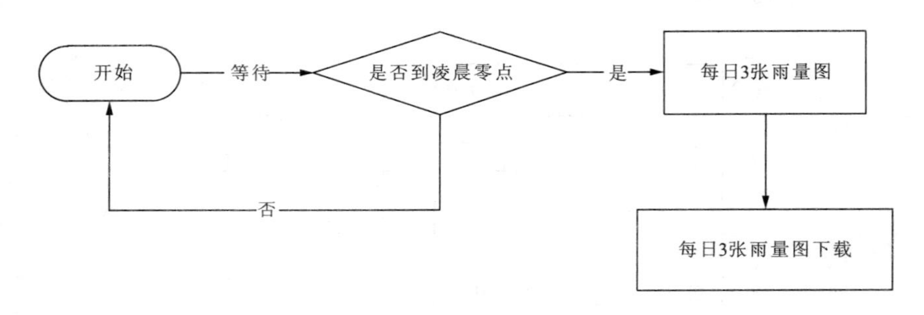

图 4-29 每日 3 张雨量图

1. 雨量采集

雨量采集功能是指对气象实况雨量、水利实况雨量两类数据进行实时的采集、转换和入库。气象和水利两类实况雨量数据需要在结构上保持一致，但是气象原始数据存放在气象部门，水利原始数据存放在水利部门，二者原始数据结构不同，所以在此采集的过程中需要通过两种不同的转换接口来达到最终数据结构上的一致。水利数据和气象数据都需要采集整点的数据。

1）输入输出说明

用例名称	雨量采集	用例编码	UC0101
优先级	高	用例角色	福建省监测中心工作人员
功能描述	对气象实况雨量、水利实况雨量两类数据进行实时的采集、转换和入库。对因为其他原因没有及时入库的数据进行补漏采集		
输入数据	无		
功能需求	采集整点的雨量数据，实时对时间和雨量值进行转换，并进行入库		
输出数据	无		
业务说明	无		

2)接口说明

接口名称	GetSlRainfall		
接口描述	采集水利实况雨量数据		
传入参数	名称	类型	描述
	nowtime	String	当前时间
返回值	无	无	无
备注	无		

接口名称	GetQxRainfall		
接口描述	采集气象实况雨量数据		
传入参数	名称	类型	描述
	nowtime	String	当前时间
返回值	无	无	无
备注	无		

2. 雨量查询

雨量查询功能是指对气象实况雨量、水利实况雨量两类数据进行时间条件的查询，查询结果能够通过信息列表和雨量站点空间分布两种方式进行展示，并且实现信息列表和雨量站点空间分布的联动，展示的列表需要导出成 excel 表格。

1)输入输出说明

用例名称	雨量查询	用例编码	UC0102
优先级	高	用例角色	福建省监测中心工作人员
功能描述	对气象实况雨量、水利实况雨量两类进行查询		
输入数据	查询条件(时间段、雨量站、市县等)		
功能需求	通过条件进行查询，展示出列表和空间分布图，列表和空间分布图能够联动		
输出数据	结果列表、雨量站点的空间分布		
业务说明	无		

2)接口说明

接口名称	LoadRfStations		
接口描述	加载雨量站信息		
传入参数	名称	类型	描述
	无		
返回值	无	ActionResult	请求参数返回数据
备注	无		

接口名称	QueryDaysRf		
接口描述	查询每日雨量		
传入参数	名称	类型	描述
	startDay	String	开始日期
	endDay	String	终止日期
	stations	String	雨量站编号
	username	String	用户名
返回值	无	ActionResult	请求参数返回数据
备注	无		

接口名称	QueryAccDaysRf		
接口描述	查询累计雨量		
传入参数	名称	类型	描述
	startDay	String	开始日期
	endDay	String	终止日期
	stations	String	雨量站编号
	username	String	用户名
返回值	无	ActionResult	请求参数返回数据
备注	无		

接口名称	QueryContinueAccRf		
接口描述	查询连续累计降雨量		
传入参数	名称	类型	描述
	startDay	String	开始日期
	endDay	String	终止日期
	stationId	String	单个雨量站编号
	username	String	用户名
返回值	无	ActionResult	请求参数返回数据
备注	无		

接口名称	StatisAccDaysRf		
接口描述	统计前 5 天的累计降雨量		
传入参数	名称	类型	描述
	startDay	String	开始日期
	stations	String	雨量站编号
	username	String	用户名
返回值	无	ActionResult	请求参数返回数据
备注	无		

接口名称	ChartDaysRf		
接口描述	每日雨量统计图绘制数据查询		
传入参数	名称	类型	描述
	startDay	String	开始日期
	endDay	String	终止日期
	stationId	String	雨量站编号
	username	String	用户名
返回值	无	ActionResult	请求参数返回数据
备注	无		

接口名称	ChartAccDaysRf		
接口描述	累计雨量统计图绘制数据查询		
传入参数	名称	类型	描述
	startDay	String	开始日期
	endDay	String	终止日期
	stationId	String	雨量站编号
	username	String	用户名
返回值	无	ActionResult	请求参数返回数据
备注	无		

接口名称	ExporttoExcel		
接口描述	导出查询统计每日雨量的 excel 表格		
传入参数	名称	类型	描述
	startDay	String	开始日期
	endDay	String	终止日期
	step	String	操作类型
	stationId	String	雨量站编号
	username	String	用户名
返回值	无	ActionResult	请求参数返回数据
备注	无		

接口名称	ExportAccDaysRftoExcel		
接口描述	导出累计雨量的 excel 表格		
传入参数	名称	类型	描述
	startDay	String	开始日期
	endDay	String	终止日期
	stationId	String	雨量站编号
	username	String	用户名
返回值	无	ActionResult	请求参数返回数据
备注	无		

接口名称	ChartAccDaysRf		
接口描述	累计雨量统计图绘制数据查询		
传入参数	名称	类型	描述
	startDay	String	开始日期
	endDay	String	终止日期
	stationId	String	雨量站编号
	username	String	用户名
返回值	无	ActionResult	请求参数返回数据
备注	无		

接口名称	ExportStatisRftoExcel		
接口描述	导出前 5 天累计雨量统计结果 excel 表格		
传入参数	名称	类型	描述
	startDay	String	开始日期
	stationId	String	雨量站编号
	username	String	用户名
返回值	无	ActionResult	请求参数返回数据
备注	无		

接口名称	ExportContinueAccRftoExcel		
接口描述	导出连续累计雨量统计结果 excel 表格		
传入参数	名称	类型	描述
	startDay	String	开始日期
	endDay	String	终止日期
	stationId	String	雨量站编号
	username	String	用户名
返回值	无	ActionResult	请求参数返回数据
备注	无		

3. 预报采集

预报采集功能是指能够将文本格式的预报雨量数据进行解析，并且能够将解析的数据导入到本系统的数据库之中。

1)输入输出说明

用例名称	预报采集	用例编码	UC0103
优先级	高	用例角色	福建省监测中心工作人员
功能描述	对预报雨量文本格式的数据进行导入功能		
输入数据	预报雨量文本		
功能需求	能够解析 TXT 文本格式的预报雨量数据，并且将解析的数据入库		
输出数据	无		
业务说明	无		

2)接口说明

接口名称	GetYbRainfall		
接口描述	采集预报雨量数据		
传入参数	名称	类型	描述
	nowtime	String	当前时间
返回值	无	无	无
备注	无		

4. 预报查询

预报查询功能是指能够通过时间查询预报雨量的数据，以及展示出详细的列表信息。

1)输入输出说明

用例名称	预报查询	用例编码	UC0104
优先级	高	用例角色	福建省监测中心工作人员
功能描述	对已经导入的预报雨量数据进行查询		
输入数据	查询条件(时间)		
功能需求	能够将预报雨量数据查询处理，并进行列表展示		
输出数据	预报雨量详细结果列表		
业务说明	无		

2)接口说明

接口名称	QueryYbRainfall		
接口描述	采集预报雨量数据		
传入参数	名称	类型	描述
	startDay	String	开始日期
	endDay	String	终止日期
返回值	无	无	无
备注	无		

接口名称	ExportYbRainfallExcel		
接口描述	导出预报雨量统计结果 excel 表格		
传入参数	名称	类型	描述
	startDay	String	开始日期
	endDay	String	终止日期
	stationId	String	雨量站编号
	username	String	用户名
返回值	无	ActionResult	请求参数返回数据
备注	无		

5. 预报雨量图

预报雨量图功能是指能够通过预报雨量的数据生成各个行政区的雨量着色图。

1)输入输出说明

用例名称	预报雨量图	用例编码	UC0105
优先级	高	用例角色	福建省监测中心工作人员
功能描述	对已经导入的预报雨量数据进行行政区域的着色		
输入数据	预报雨量文本		
功能需求	能够对已经导入的预报雨量数据进行行政区的着色并且展示		
输出数据	福建省行政区域预报雨量着色图		
业务说明	无		

2)接口说明

接口名称	CreateYbRainfallLayer		
接口描述	生成预报雨量图		
传入参数	名称	类型	描述
	timestring	String	生成时间
返回值	无	无	无
备注	无		

6. 每日雨量图

每日雨量图功能是指能够在每日的凌晨零点生成前 24 小时、48 小时、72 小时雨量累加的站点分布图，并且图片能够下载。

1)输入输出说明

用例名称	每日雨量图	用例编码	UC0106
优先级	高	用例角色	福建省监测中心工作人员
功能描述	能够在每日凌晨零点生成 3 张雨量图		
输入数据	每日凌晨零点前 24 小时、48 小时、72 小时的雨量文本		
功能需求	能够自动在每日凌晨零点生成前 24 小时、48 小时、72 小时的雨量站点着色分布图		
输出数据	24 小时、48 小时、72 小时雨量站着色分布图		
业务说明	无		

2)接口说明

接口名称	CreateEveryDayThreeRainfallLayer		
接口描述	每日 3 张雨量图		
传入参数	名称	类型	描述
	无	无	无
返回值	无	无	无
备注	无		

二、值班管理模块

值班管理模块是为了满足地质灾害气象预警日常工作中，需要对预警结果和日常工作日志进行记录的需求。其功能包括了值班录入和值班查询两类。

(1)值班管理模块功能结构如图 4-30 所示。

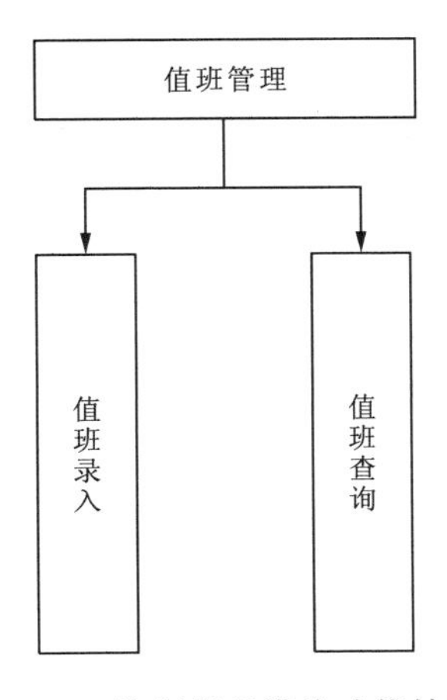

图 4-30　值班管理模块功能结构图

(2)值班管理模块的整体流程如图4-31所示。

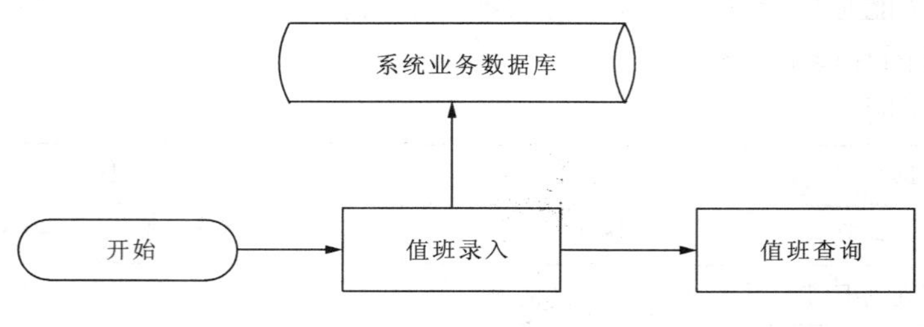

图4-31　值班录入与查询流程图

1. 值班录入

值班录入功能是指能够让值班人员登录到系统之中,进行值班日志的录入。

1)输入输出说明

用例名称	值班录入	用例编码	UC0201
优先级	一般	用例角色	福建省监测中心工作人员
功能描述	能够支持用户将值班记录录入到数据库之中		
输入数据	值班日志详细内容		
功能需求	用户填写值班日志详情,录入数据库		
输出数据	无		
业务说明	无		

2)接口说明

接口名称	UpMessage		
接口描述	添加值班记录		
传入参数	名称	类型	描述
	data	String	值班信息
返回值	无	ActionResult	请求参数返回数据

2. 值班查询

值班查询功能是指可以通过条件去查询值班日志的情况,可以查询到日志的详细信息并且进行展示。

1)输入输出说明

用例名称	值班查询	用例编码	UC0202
优先级	一般	用例角色	福建省监测中心工作人员
功能描述	查询日志列表和日志详情		
输入数据	查询条件(时间、人员)		
功能需求	展示日志列表、查看日志详情		
输出数据	日志查询结果列表、日志详细情况		
业务说明	无		

2)接口说明

接口名称	QueryDutyInfo		
接口描述	查询值班信息		
传入参数	名称	类型	描述
	startDate	String	开始日期
	endDate	String	终止日期
	forecaster	String	预报人
返回值	无	ActionResult	请求参数返回数据
备注	无		

接口名称	ExpotDutyInfoExcel		
接口描述	导出值班信息		
传入参数	名称	类型	描述
	startDate	String	开始日期
	endDate	String	终止日期
	forecaster	String	预报人
返回值	无	ActionResult	请求参数返回数据
备注	无		

三、雨量监控模块

雨量监控模块是为了对气象实况雨量和水利实况雨量两种不同的实况雨量进行实时的监控，对超出正常雨量值的站点发出报警。

雨量监控模块功能结构如图 4－32 所示。

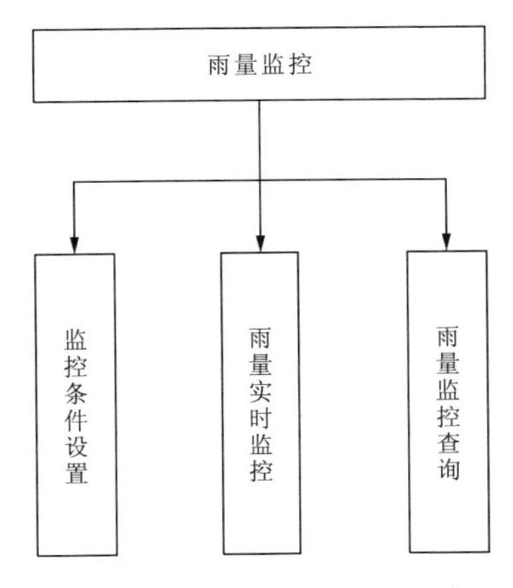

图 4－32　雨量监控模块功能结构图

雨量监控模块的流程如图 4-33 所示。

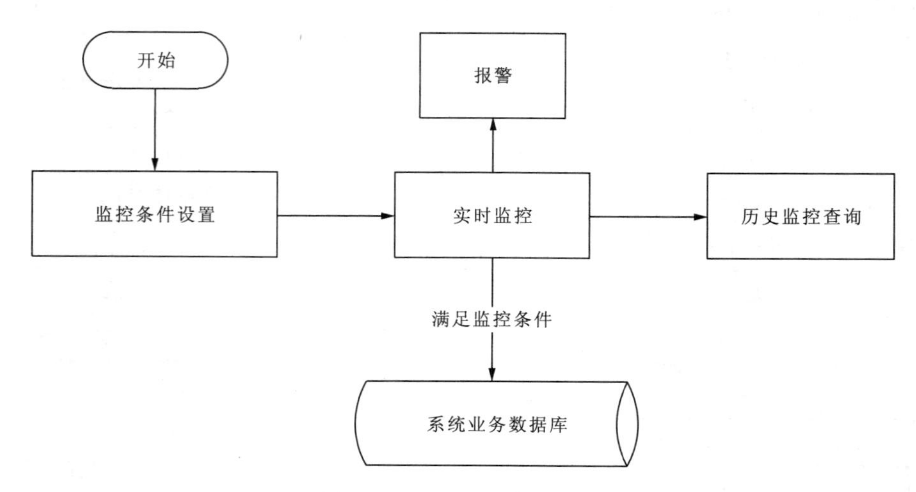

图 4-33　雨量监控流程图

1. 监控条件设置

监控条件设置功能是指对气象实况雨量和水利实况雨量两种不同的实况雨量进行监控条件的设置,包括监控时间段的设置、监控雨量值的设置和报警颜色值的设定。

1)输入输出说明

用例名称	监控条件设置	用例编码	UC0301
优先级	高	用例角色	福建省监测中心工作人员
功能描述	设置实时监控的条件		
输入数据	监控条件的输入(时间段、报警值、报警颜色等)		
功能需求	可以设置时间段、报警值、报警颜色		
输出数据	无		
业务说明	无		

2)接口说明

接口名称	SetMonitorCondition		
接口描述	设置监控条件		
传入参数	名称	类型	描述
	time	String	监控时间间隔
	stationType	String	监控站点类型
	color	String	报警颜色
返回值	无	ActionResult	请求参数返回数据
备注	无		

接口名称	UpMonitorCondition		
接口描述	更新监控条件		
传入参数	名称	类型	描述
	time	String	监控时间间隔
	stationType	String	监控站点类型
	color	String	报警颜色
返回值	无	ActionResult	请求参数返回数据
备注	无		

2. 雨量实时监控

雨量实时监控功能是指根据已设置的监控条件，实时地计算各个雨量站点的雨量值，从而进行监控，对超出正常值的雨量站点发出对应报警颜色的报警。

1)输入输出说明

用例名称	雨量实时监控	用例编码	UC0302
优先级	高	用例角色	福建省监测中心工作人员
功能描述	根据雨量监控条件实时对雨量站点的雨量值进行监控		
输入数据	无		
功能需求	能够实时进行报警，并且能够展示出报警的站点列表和站点的空间分布，要求二者能够联动		
输出数据	报警站点的列表和空间分布图		
业务说明	无		

2)接口说明

接口名称	MonitorRainfallByCondition		
接口描述	实时监控		
传入参数	名称	类型	描述
	无	无	无
返回值	无	ActionResult	请求参数返回数据
备注	无		

3. 雨量监控查询

雨量监控查询功能是指对已经发生报警的监控信息进行查询并且展示，展示的方式分为详细列表展示和报警站点空间分布展示，并且两种展示方式能够进行联动。

1)输入输出说明

用例名称	雨量监控查询	用例编码	UC0303
优先级	一般	用例角色	福建省监测中心工作人员
功能描述	根据查询条件查询历史雨量监控信息		
输入数据	查询条件(时间段、雨量站、市县等)		
功能需求	能够查询历史雨量监控信息，展示监控信息列表和站点空间分布，二者能够联动		
输出数据	监控信息列表和报警站点的空间分布图		
业务说明	无		

2)接口说明

接口名称	QueryMonitorInfo		
接口描述	雨量监控查询		
传入参数	名称	类型	描述
	startTime	String	开始时间
	endTime	String	截止时间
	stationType	String	站点类型
	stationId	String	站点编号
返回值	无	ActionResult	请求参数返回数据
备注	无		

四、气象预警模块

气象预警模块是专门进行地质灾害气象预警工作的模块,它包括了一次完整的地质灾害预警工作流程,有预警条件设置、预警分析、预警结果编辑、预警结果分析和预警成果发布等功能。

气象预警模块功能结构如图4-34所示。

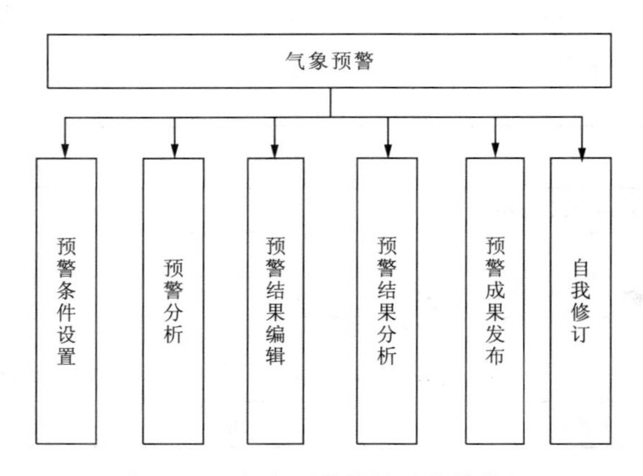

图4-34 气象预警模块功能结构图

气象预警模块的流程如图4-35所示。

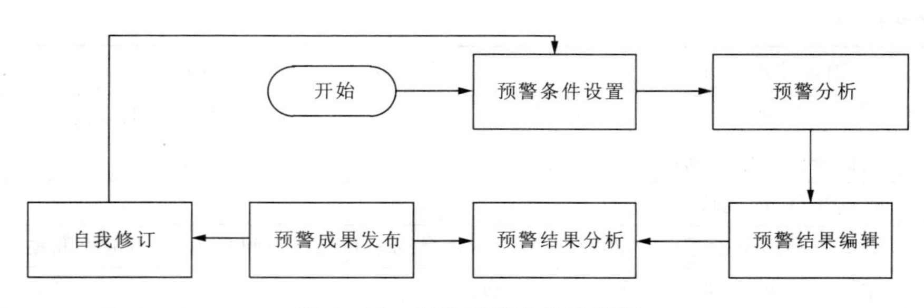

图4-35 气象预警业务流程图

1. 预警条件设置

预警条件设置功能是指用户可以手动设置各项进行预警计算的条件参数，主要是对偏重值、权重值、降雨阈值、预警阈值 4 项参数的设置，此设置有默认值，也可以进行手动的调整。

1)输入输出说明

用例名称	预警条件设置	用例编码	UC0401
优先级	高	用例角色	福建省监测中心主任
功能描述	对预警分析条件的设置		
输入数据	预警条件的设定(偏重值、权重值、降雨阈值、预警阈值)		
功能需求	能够设定预警分析的条件，有默认值也可以手动进行修改		
输出数据	无		
业务说明	无		

2)接口说明

接口名称	LoadWarnGrade		
接口描述	加载预警等级参数		
传入参数	名称	类型	描述
	无		
返回值	无	ActionResult	请求参数返回数据
备注	无		

接口名称	SaveWarnGrade		
接口描述	保存预警等级参数		
传入参数	名称	类型	描述
	无		
返回值	无	ActionResult	请求参数返回数据
备注	无		

接口名称	ChangeWarnGrade		
接口描述	修改预警等级参数		
传入参数	名称	类型	描述
	无		
返回值	无	ActionResult	请求参数返回数据
备注	无		

2. 预警分析

预警分析功能是指用户选择时间之后，系统自动计算雨量累加值，结合预警模型和预警条件生成福建省全省预警等值线的功能。

1)输入输出说明

用例名称	预警分析	用例编码	UC0402
优先级	高	用例角色	福建省监测中心工作人员
功能描述	进行预警分析		
输入数据	预警时间		
功能需求	自动进行预警分析，展示出预警等值线图		
输出数据	福建省全省预警等值线图		
业务说明	无		

2)接口说明

接口名称	RfIsAvailable		
接口描述	验证是否存在5天的降雨量供分析		
传入参数	名称	类型	描述
	无		
返回值	无	ActionResult	请求参数返回数据
备注	无		

接口名称	ExecuteAnalyse		
接口描述	执行今日预警分析		
传入参数	名称	类型	描述
	time	String	预警时间
返回值	无	ActionResult	请求参数返回数据
备注	无		

接口名称	LoadWarnColors		
接口描述	加载预警分级的颜色和值		
传入参数	名称	类型	描述
	无		
返回值	无	ActionResult	请求参数返回数据
备注	无		

接口名称	QAnalyseResult		
接口描述	查询预警分析结果，查询所有的图层		
传入参数	名称	类型	描述
	无		
返回值	无	ActionResult	请求参数返回数据
备注	无		

接口名称	AsAnalyseResult		
接口描述	保存某一个操作时间的预警分析结果为最终结果		
传入参数	名称	类型	描述
	无		
返回值	无	ActionResult	请求参数返回数据
备注	无		

3. 预警结果编辑

预警结果编辑功能是指用户可以在已经生成福建省全省预警等值线图的基础上，进行此等值线图的编辑，包括删除线和修改区属性等功能。

1)输入输出说明

用例名称	预警结果编辑	用例编码	UC0403
优先级	高	用例角色	福建省监测中心主任
功能描述	对生成预警等值线进行编辑		
输入数据	无		
功能需求	在浏览器中修改图层属性，删除线，修改区等级等		
输出数据	无		
业务说明	无		

2)接口说明

接口名称	EditAnalyseResult		
接口描述	编辑预警结果		
传入参数	名称	类型	描述
	无		
返回值	无	ActionResult	请求参数返回数据
备注	无		

接口名称	UpAnalyseResult		
接口描述	更新编辑预警结果		
传入参数	名称	类型	描述
	无		
返回值	无	ActionResult	请求参数返回数据
备注	无		

4. 预警结果分析

预警结果分析功能是指用户在确定福建省全省预警等值线图之后，可以对市(县)行政区、灾害点进行统计和分析的功能。

1)输入输出说明

用例名称	预警结果分析	用例编码	UC0404
优先级	高	用例角色	福建省监测中心工作人员
功能描述	对生成预警等值线进行行政区和灾害点的空间分析		
输入数据	无		
功能需求	能够对行政区进行统计并且修改，能够统计灾害点的预警等级		
输出数据	行政区预警等级列表和灾害点预警等级列表		
业务说明	无		

2)接口说明

接口名称	WarnDisaStatis		
接口描述	预警区灾害点统计		
传入参数	名称	类型	描述
	disaDate	String	时间
返回值	无	ActionResult	请求参数返回数据
备注	无		

接口名称	WarnSxStatis		
接口描述	预警区市县统计		
传入参数	名称	类型	描述
	disaDate	String	时间
返回值	无	ActionResult	请求参数返回数据
备注	无		

接口名称	WarnXzStatis		
接口描述	预警区乡镇统计		
传入参数	名称	类型	描述
	disaDate	String	时间
返回值	无	ActionResult	请求参数返回数据
备注	无		

5. 预警成果发布

预警成果发布功能是指用户可以将此次预警分析的成果导出成相应的格式，主要有乡镇预警表、市县预警表、预警成果图、预警签批单这 4 项成果的导出。

1)输入输出说明

用例名称	预警成果发布	用例编码	UC0405
优先级	高	用例角色	福建省监测中心工作人员
功能描述	对预警结果的导出		
输入数据	无		
功能需求	能够导出乡镇预警表、市县预警表、预警成果图、预警签批单。按照各自的模板和格式进行导出		
输出数据	乡镇预警表、市县预警表、预警成果图、预警签批单		
业务说明	无		

2)接口说明

接口名称	SaveAnalyseWords		
接口描述	保存签批单		
传入参数	名称	类型	描述
	无		
返回值	无	ActionResult	请求参数返回数据
备注	无		

接口名称	SaveAnalyseExcel		
接口描述	保存等级表		
传入参数	名称	类型	描述
	type	String	等级表类型，乡镇还是市县
返回值	无	ActionResult	请求参数返回数据
备注	无		

接口名称	SaveAnalyseImg		
接口描述	保存预警图		
传入参数	名称	类型	描述
	无	无	无
返回值	无	ActionResult	请求参数返回数据
备注	无		

五、灾害管理

灾害管理模块实现对灾害点 MDB 数据导入，以及对已有灾害点进行统计图展示的功能。统计图分为饼图与柱状图两种方式展示。

灾害管理模块功能结构如图 4－36 所示。

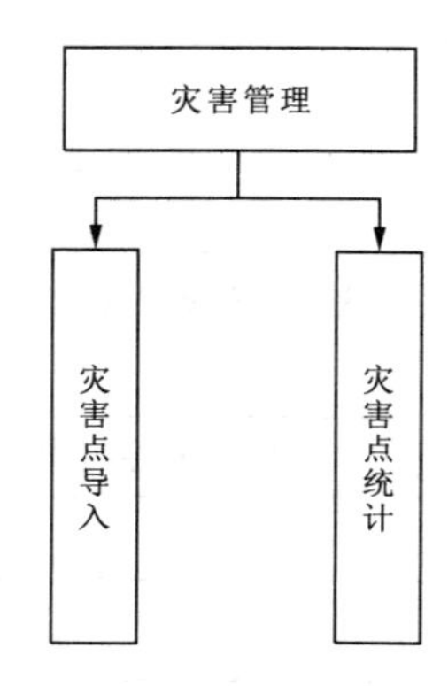

图 4－36　气象预警模块功能结构图

灾害管理模块流程如图 4－37 所示。

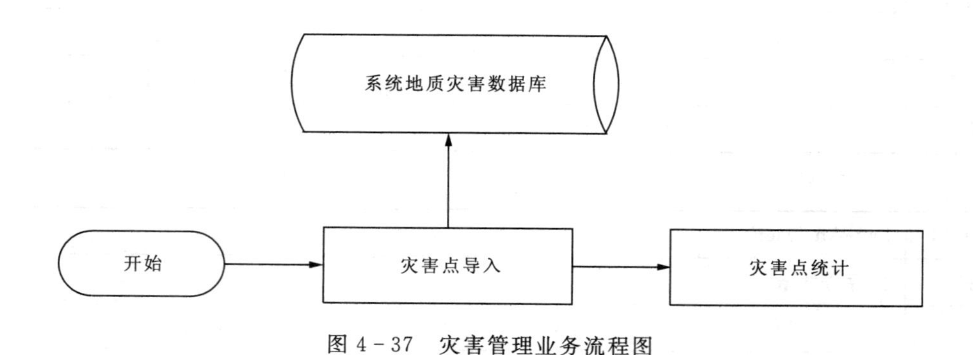

图 4－37　灾害管理业务流程图

1. 灾害点导入

灾害点导入功能是指将原有 MDB 的灾害点数据导入到系统的数据库之中，每次导入数据都需要将原有的数据全部替换。

1)输入输出说明

用例名称	灾害管理	用例编码	UC0501
优先级	一般	用例角色	福建省监测中心工作人员
功能描述	对灾害点的统计与展示		
输入数据	统计条件(市县行政区)		
功能需求	能够展示出饼图和柱状图		
输出数据	统计图		
业务说明	无		

2)接口说明

接口名称	ExpotDisasterByMDB		
接口描述	灾害统计导入		
传入参数	名称	类型	描述
	无	无	无
返回值	无	ActionResult	查询请求字符串
备注	无		

2. 灾害点统计

灾害点统计功能是指对已有灾害点进行统计图展示的功能,统计图分为饼图与柱状图两种方式展示。

1)输入输出说明

用例名称	灾害管理	用例编码	UC0502
优先级	一般	用例角色	福建省监测中心工作人员
功能描述	对灾害点的统计与展示		
输入数据	统计条件(市县行政区)		
功能需求	能够展示出饼图和柱状图		
输出数据	统计图		
业务说明	无		

2)接口说明

接口名称	ChartDisaster		
接口描述	灾害统计查询		
传入参数	名称	类型	描述
	type	String	灾害类型
	region	String	灾害所属市县
	username	String	用户名
	password	String	密码
返回值	无	ActionResult	查询请求字符串
备注	无		

六、图层管理模块

图层管理模块是对已有的空间图层数据进行展示的功能，用户可以手动选择显示和隐藏相对应的图层。

1)输入输出说明

用例名称	图层管理	用例编码	UC0601
优先级	一般	用例角色	福建省监测中心工作人员
功能描述	对已有空间图层的显示与隐藏		
输入数据	无		
功能需求	在浏览器中直接叠加显示与隐藏		
输出数据	叠加显示图层		
业务说明	无		

2)接口说明

无。

本章小结

本章详细介绍了系统的设计，以“福建省地质灾害气象预报预警系统”为实例，进行系统的设计，并以龙岩市为实例，从区域地质环境、降雨诱发地质灾害的现状特征、预报预警模型总体思路、滑坡临界值等方面展开地质灾害气象预警模型研究。从系统设计原则、系统总体框架设计、软件框架设计、系统基本信息流程等方面入手进行了系统的总体设计，从数据库存储设计、数据模型与数据结构设计、数据库逻辑设计等方面进行数据库设计，并介绍了系统的图层设计。另外，对地质灾害气象预警模型和功能模块都进行了详细的设计。

习　题

1. 区域地质环境包括哪几个方面？
2. 预报预警模型设计的技术路线如何？
3. 统计分析模型运用了哪些GIS功能？
4. 模型评价因子如何选取？评价因子的权重如何确定？
5. 软件架构的设计包括哪几个层次？
6. 数据库的逻辑分类包括哪几种？
7. 单元格剖分的方法有哪些？
8. 系统包括哪些功能模块？每个功能模块有哪些接口？每个接口的功能如何？

第五章 环境配置

第一节 软件环境

一、操作系统软件

目前主流的操作系统主要有两类：一类是 Windows；另外一类是 Unix/Linux。Windows 操作系统具有友好的操作界面，整体易用性较好，且其上的应用软件比较丰富，在软件可管理性、价格方面较 Unix 操作系统有比较大的优势。Unix 操作系统相对于 Windows 操作系统，在硬件支持的广泛性上稍差，但在性能、安全性等方面具有一定的优势。综合考虑本系统的各方面情况，服务器操作系统的选型建议采用 Windows Server 2003 版本，客户端计算机操作系统选用 Windows XP 专业版或 Windows 7 Ultimate。

二、开发框架

1. Net Framework 4. 0

.NET Framework 提供了一整套应用程序开发平台，它实际上由一大堆技术组合而成，这些技术彼此协作，能为开发人员提供无限的可能。归根结底，.NET Framework 由如下几大部分组成。

.NET 语言包括，Visual Basic.NET、C＃、JScript.NET、J＃和 C++等。

(1)通用语言运行库(Common Language Runtime，CLR)。提供所有.NET 程序的执行引擎，并为这些应用程序提供自动化服务，比如安全性检查、内存的管理和应用程序的优化等。

(2).NET 框架类库。包含大量内置的功能函数，使应用程序的开发人员可以更轻松地使用它提供的功能来实现应用程序的开发。这些类库被组织为几个技术集，比如 ASP.NET、Windows Forms、WPF、WCF、WF、Silverlight、网络编程等。

(3)Visual Studio。功能强大，使用简便的集成化开发环境，具有一整套高效的功能集合和调试特性。

Microsoft .NET 框架的一些核心技术特点如下。

(1)多语言支持。在 Microsoft .NET 平台上，所有的语言都是等价的，它们都是基于公共语言运行库(CLR)的运行环境进行编译运行。所有 Microsoft .NET 支持的语言，不管是 Visual Basic .NET 、Visual C＋＋、C＃ 还是 JScript .NET，都是平等的。用这些语言编写的代码都被编译成一种中间代码，在公共语言运行库中运行。在技术上这种语言与其他语言相比没有很大的区别，用户可以根据自己熟悉的编程语言进行操作。在本书中使用 C# 进行编程，因为 C# 是一种优秀的程序开发语言，简洁、高效且便于使用，主要用于 Microsoft .NET 框架中面向组件的领域。

(2)多平台支持。Microsoft .NET 框架的另一个重要特点就是多平台支持。不过相对于 Java 技术能够跨越 Unix、Linux 和 Windows 等众多平台，目前 Microsoft .NET 的跨平台性仅限于各种 Windows 操作系统，如 Windows 95/98、Windows NT、Windows 2000 和 Windows XP 等。

(3)性能。Microsoft .NET 的基本设计目标之一就是具有强大的性能和可伸缩性。对于 Microsoft .NET 来说，要具备很好的性能就要靠公共语言运行库来执行中间代码。为了确保最佳性能，在某种意义上公共语言运行库将所有引用程序代码都编译成本机代码，这种转换既可以在应用程序运行时完成，也可以在应用程序首次安装时完成。

2. ASPNET MVC

ASP.NET MVC 是微软官方提供的以 MVC(Model View Controller，MVC)模式为基础的 ASP.NET Web 应用程序(Web Application)框架。

1)MVC 编程模式

MVC 是 3 种 ASP.NET 编程模式中的一种。MVC 是一种使用 MVC(模型—视图—控制器)设计创建 Web 应用程序的模式。其中，Model(模型)表示应用程序核心(比如数据库记录列表)，View(视图)显示数据(数据库记录)，Controller(控制器)处理输入(写入数据库记录)。

MVC 模式同时提供了对 HTML、CSS 和 JavaScript 的完全控制。Model(模型)是应用程序中用于处理应用程序数据逻辑的部分，通常模型对象负责在数据库中存取数据。View(视图)是应用程序中处理数据显示的部分，通常视图是依据模型数据创建的。Controller(控制器)是应用程序中处理用户交互的部分，通常控制器负责从视图读取数据，控制用户输入，并向模型发送数据。

MVC 分层有助于管理复杂的应用程序，因为用户可以在一个时间内专门关注一个方面。例如，用户可以在不依赖业务逻辑的情况下专注于视图设计，同时也让应用程序的测试更加容易。

MVC 分层同时也简化了分组开发。不同的开发人员可同时开发视图、控制器逻辑和业务逻辑。

2)特色与优点

MVC 将一个 Web 应用分解为 Model、View 和 Controller。ASP.NET MVC 框架提供了一个可以代替 ASP.NET Web Form 的基于 MVC 设计模式的应用。

(1)MVC 的优点：①通过把项目分成 Model、View 和 Controller，使得复杂项目更加容易维护，减少了项目之间的耦合；②没有使用 View State 和服务器表单控件，可以更方便地控制应用程序的行为；③应用程序通过 Controller 来控制程序请求，并提供了原生的 UrlRouting 功能来重写 Url；④使 Web 程序对单元测试的支持更加出色；⑤在团队开发模式下表现更出众。

(2)ASP.NET MVC 概述 WebForm 的优点：①采用事件驱动模式来控制应用程序请求，由大量服务器控件支持；②采用页面控制机制，可以为单个页面添加事件处理函数；③使用

View State 和服务器端页面，使管理页面状态信息更加轻松；④对人数较少的、想使用服务器端控件的开发团队来说，使用起来更加方便；⑤开发起来比 MVC 模式要轻松简单一些。

(3)ASP.NET MVC 概述 MVC 框架特色：①分离任务（输入逻辑、业务逻辑和显示逻辑），易于测试并默认支持测试驱动开发（Test - Driven Development），所有 MVC 用到的组件都是基于接口并且可以在进行测试时使用 Mock 测试，可以在不运行 ASP.NET 进程的情况下进行测试，使得测试更加快速和简捷；②可扩展简便的框架，MVC 框架被设计用来实现更轻松的移植和定制功能，可以自定义视图引擎、UrlRouting 规则及重载 Action 方法等，MVC 也对依赖注入（Dependency Injection，DI）和控制反转（Inversion of Control，IoC）有良好的支持；③强大的 UrlRouting 机制更方便地建立容易理解和可搜索的 Url，为 Search Engine Optimization 搜索引擎优化提供更好的支持，Url 可以不包含任何文件扩展名，并且可以重写 Url 使其对搜索引擎更加友好；④可以使用 ASP.NET 现有的页面标记、用户控件、模板页，也可以使用嵌套模板页，嵌入表达式＜％＝％＞，声明服务器控件、模板，数据绑定、定位等；⑤对现有的 ASP.NET 程序的支持，MVC 可以使用如窗体认证和 Windows 认证、Url 认证、组管理和规则、输出、数据缓存、session、profile 、health monitoring、配置管理系统、provider architecture 特性。

三、数据库平台

SQL Server 2008 出现在微软数据平台愿景上是因为它使得公司可以运行最关键任务的应用程序，同时降低了管理数据基础设施及发送观察和信息给所有用户的成本。这个平台有以下特点。

1. 可信任

这一特点使得公司可以很高的安全性、可靠性和可扩展性来运行最关键任务的应用程序。

在当前数据驱动的世界中，公司需要继续访问他们的数据。SQL Server 2008 为关键任务应用程序提供了强大的安全特性、可靠性和可扩展性。

(1)外键管理。SQL Server 2008 为加密和密钥管理提供了一个全面的解决方案。为了满足不断发展的对数据中心的信息的更强安全性的需求，公司投资给供应商来管理公司内的安全密钥。SQL Server 2008 通过支持第三方密钥管理和硬件安全模块（HSM）产品为这个需求提供了很好的支持。

(2)增强审查。SQL Server 2008 使用户可以审查数据的操作，从而提高了遵从性和安全性。审查不只包括对数据修改的所有信息，还包括关于什么时候对数据进行读取的信息。SQL Server 2008 具有像服务器中加强的审查这样的配置和管理功能，这使得公司可以满足各种规范需求。SQL Server 2008 还可以定义每一个数据库的审查规范，所以审查配置可以为每一个数据库做单独的制定。为指定对象做审查配置使审查的执行性能更好，配置的灵活性也更高。

2. 高效

这一特点使得公司可以降低开发和管理数据基础设施的时间及成本。

SQL Server 2008 降低了管理系统、.NET 架构和 Visual Studioreg、Team System 的时间和成本，使得研发人员可以开发强大的下一代数据库应用程序。

有了移动设备和活动式工作人员，偶尔连接成为了一种工作方式。SQL Server 2008 推出了一个统一的同步平台，使得在应用程序、数据存储和数据类型之间达到一致性同步。在与 Visual Studio 的合作下，SQL Server 2008 可以通过 ADO .NET 中提供的新的同步服务和 Visual Studio 中的脱机设计器快速地创建偶尔连接系统。SQL Server 2008 提供了支持，可以改变跟踪并使客户以最小的执行消耗进行功能强大的执行，以此来开发基于缓存的、基于同步的和基于通知的应用程序。

稀疏列功能使 null 数据不占物理空间，从而提供了一个非常有效的管理数据库中空数据的方法。例如，稀疏列使得一般包含极多要存储在一个 SQL Server 2008 数据库中空值的对象模型不会占用很大的空间。稀疏列还允许管理员创建 1024 列以上的表。

3. 智能

这一特点提供了一个全面的平台，可以在用户需要的时候给他们发送观察和信息。

商业智能(Bnsiness Intelligence)继续作为大多数公司投资的关键领域，对于公司所有层面的用户来说是一个无价的信息源。SQL Server 2008 提供了一个全面的平台，当用户需要时可以为其提供智能化。

在 SQL Server 2008 中一个新的资源监控器提供了对资源利用情况的详细观察。有了这个资源监控器，数据库管理员可以快速并轻松地监控和控制分析工作负载，包括识别哪个用户在运行什么查询和他们会运行多久，这使得管理员可以更好地优化服务器的使用。

一个改进的时间序列算法扩大了预测分析能力。这个查询数据挖掘结构的能力使得报表可以很容易地包含从挖掘模型外部得来的属性。新的交叉验证特性对数据进行多处对比，发送给用户可靠的结果。这些数据挖掘的改进之处一起为更好的洞察和更丰富的信息提供了机会。

SQL Server 2008 提供了可依靠的技术和能力，来接受对于管理数据和给用户发送全面信息的不断发展的洞察与挑战。具有在关键领域方面的显著优势。SQL Server 2008 是一个可信任的、高效的、智能的数据平台。SQL Server 2008 是微软数据平台愿景中的一个主要部分，旨在满足目前和将来管理、使用数据的需求。

四、GIS 平台

MapGIS 平台是新一代面向网络的超大型分布式地理信息系统基础软件平台。MapGIS IGSS 则是其地理空间信息共享服务平台解决方案产品，旨在实现地理空间信息共享。MapGIS 平台主要包括服务器开发平台(DCServer)、遥感处理开发平台(RSP)、三维 GIS 开发平台(TDE)、互联网 GIS 服务开发平台(IGServer)、移动 GIS 开发平台(Mobile 9)、数据中心集成开发平台和智慧行业集成开发平台等。其中，互联网 GIS 服务开发平台即 MapGIS IGServer 是目前应用最广泛的专业网络 GIS 平台之一。

1. MapGIS IGServer

MapGIS IGServer 是依托地理信息系统平台 MapGIS，构建在数据中心运行平台(DCServer)之上的 GIS 产品，是一个面向服务的分布式 WebGIS 开发平台，提供跨平台的网络 GIS 服务、开发框架和云 GIS 应用技术方案。MapGIS IGServer 平台采用基于悬浮式面向服务的体系架构，基于 OGC 标准，对数据、功能进行全面整合，底层使用 MapGIS 微内核群技术，实现 GIS 常用功能的封装。对外提供一整套 Web 服务，用户无须了解内部的逻辑实现，只需按需调用相关的服务，即可快速实现特定功能的应用与集成。

在数据层面上，通过数据入库与维护、分布式数据挖掘、数据仓库的目录管理、异构数据集成管理、安全机制、数据交换管理等技术实现对各类数据的统一管理；在功能层面上，利用功能仓库技术集成大量类型异构、来源异构的功能资源，并实现这些功能资源在数据中心中的统一管理且直接以搭建的方式调用。用户只需通过简单的功能仓库注册，即可实现应用系统的按需扩展。MapGIS IGServer 通过数据仓库、功能仓库分别对数据和功能进行统一管理，实现了数据与功能的分离。数据仓库集中管理和维护数据，通过一系列的数据抽取、清洗、加载等操作，最终实现将操作型数据集成到统一的环境中，并实现当前和历史数据信息的快速方便查询。通过功能仓库可发布地理信息功能服务，包括专业地图服务、空间分析服务、大众应用服务、真三维服务、典型服务、OWS 服务(OGC - Web 服务)等。用户只需搭建、配置这些功能服务，而无需关心功能实现细节，降低了应用系统建设的复杂度。

1)MapGIS IGServer 的体系架构

MapGIS IGServer 平台基于 MapGIS DCServer 构建，实现了海量、分布、多源、异构、多尺度、多时态数据的集成管理，支持局域和广域网络环境下空间数据的分布式计算、分布式空间信息分发与共享、网络化空间信息服务，提供了灵活的功能扩展机制与二次开发框架。MapGIS IGServer 平台在海量数据一体化管理和空间信息共享的基础上，实现了“零编程、巧组合、易搭建”的可视化开发，能快速搭建 GIS 应用系统。

基于 MapGIS DCServer 的 MapGIS IGServer 平台采用面向服务的多层体系架构，分为 Java 与.NET 两大技术体系，在客户端采用富客户端(Rich Internet Applications)技术提供简便高效的控件开发方式，支持跨平台应用与分布式部署，其体系架构如图 5 - 1 所示。MapGIS IGServer 平台遵循通用标准规范，提供实时稳定的空间数据与功能服务，实现了基于标准 OGC 服务的动态聚合，同时支持多层次的功能扩展，增强了 IGServer 的可扩展性，可快速实现互联网 GIS 服务与跨平台服务器各应用系统的对接。平台的数据仓库与功能仓库，提供高性能的内核服务，通过 Web 服务封装，根据 RIA 开发方式与搭建开发方式提供灵活高效的二次开发框架，全面支持 Flex、Silverlight、JavaScript 与搭建式开发。

MapGIS IGServer 平台从底层到应用，其整个逻辑结构从上至下分为如下几层。

(1)IGServer 客户端。MapGIS IGServer 客户端支持多种用户的应用，包括政府应用、大众应用以及企业应用等，支持多种 Web 浏览器(如 IE、Firefox 等)，支持各种 Web 应用程序的访问或嵌入到已有 Web 应用程序中，同时支持 MapGIS 桌面应用和嵌入式移动设备应用。在客户端层面上，可支持包括 Flex、Silverlight、JavaScript 和搭建式 4 种开发方式，用户通过客户端与 Web 服务层进行交互。

(2)IGServer Web 服务层。MapGIS IGServer Web 服务层运行于 Windows/Linux/Unix 等操作系统上，主要提供以下 Web 服务：MapGIS WebService、OGC WebService 和第三方 Web 服务接口。这 3 种服务接口均提供.NET 和 Java 两种不同的版本，基于这 3 种服务接口提供丰富的 3S(GIS、RS、GPS)应用服务、二维地图服务、真三维服务、空间分析、网络分析、OGC 服务应用等服务功能，同时 Web 服务层提供集群配置管理与集群状态监控。当用户发送请求时，Web 服务层响应用户请求并分发给 IGServer 内核层进行处理，它是 IGServer 用户层与 IGServer 基础内核层之间的桥梁。

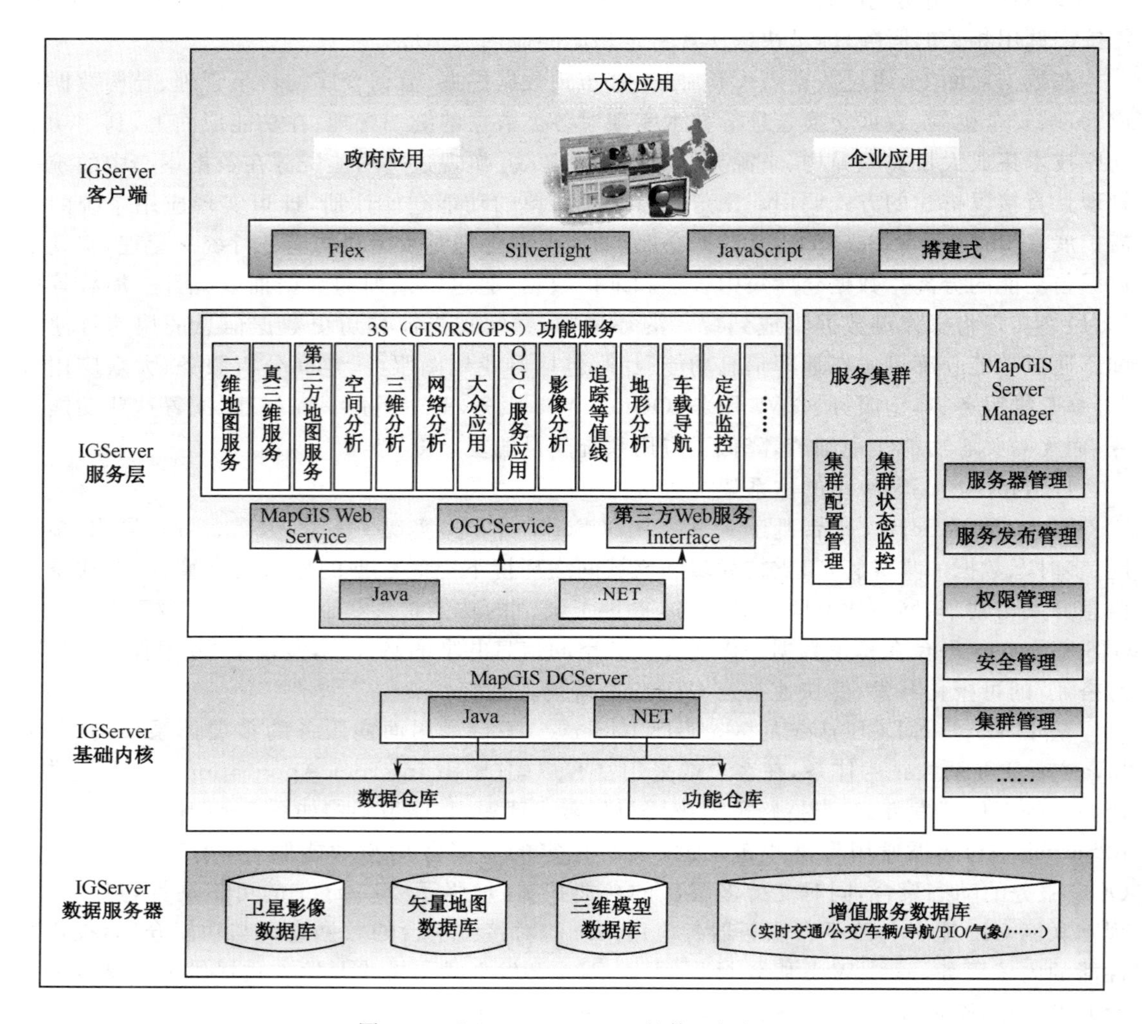

图 5-1　MapGIS IGServer 的体系架构图

(3)IGServer 基础内核。主要负责与数据服务层的数据通信，提供.NET 和 Java 两种版本 MapGIS IGServer 内核。客户端发送数据请求，通过 IGServer 内核实现与数据服务层的通信，将数据返回到客户端缓存。基础地理信息数据和数据库中存储的数据可以通过 GIS 服务器通信处理数据请求，将处理后的结果返回给客户端。

MapGIS Server Manager 作为平台的服务管理器，肩负 IGServer 基础内核与 Web 服务的管理重任，提供服务器管理、服务管理、集群管理、权限管理与安全管理等功能，是平台的重要组成部分。

(4)IGServer 数据服务层。MapGIS IGServer 数据服务层包括 GIS 数据库中的数据和基础地理信息数据。GIS 数据库中包含以统一的 MapGIS 数据格式(HDF 方式)进行存储的 GIS 数据以及其他数据库存储的数据(例如 DB2、Oracle 等)。基础信息地理数据包括影像数据、矢量数据、瓦片数据等，它们都是以文件形式存放的空间数据。MapGIS IGServer 的数据调用充分发挥了平台管理海量数据能力和并发访问数据能力。

2)MapGIS IGServer 的功能

MapGIS IGServer 通过服务方式提供全面的 GIS 功能服务,以及功能扩展机制。该平台基于统一的数据中心内核服务与框架,集成二维、三维、遥感、嵌入式等功能提供丰富的 3S(GIS、RS、GPS)功能服务。

具体地,MapGIS IGServer 的功能服务主要体现在以下几个方面。

(1)MapGIS IGServer 提供通用的地图服务,并支持第三方地图服务功能。主要包括:基于多种数据格式的地图显示,即矢量地图、瓦片地图、遥感影像、三维景观、地质模型等显示功能。数据均以图层方式发布,支持图层叠加显示;支持第三方地图服务,即支持 Google Map、Bing Map、雅虎地图等地图显示功能;地图查询功能支持空间几何与属性查询,以及两者结合的组合查询功能,空间几何查询提供多种方式,如点击、拉框、画圆、多边形等;支持地理要素的在线编辑功能,包括空间信息与属性信息的编辑;提供多种表现模式的地图查询统计功能,包括报表、直方图、饼状图、折线图、等值线图等。

(2)专业分析服务。MapGIS IGServer 基于 DCServer 内核,秉承 MapGIS 强大的分析能力优势,将 GIS、遥感、三维集成于一体,提供专业的分析服务。

(3)大众应用服务。MapGIS IGServer 针对大众化应用需求,提供相应的功能服务,包括设施信息点搜索、驾车导航、公交换乘、三维 tooltip 等功能。

(4)真三维服务。MapGIS IGServer 提供真三维服务,即基于三维数字地球,提供地上、地下的大众三维应用与专业三维应用功能。包括三维地球导航漫游、自定义海量数据发布、真三维模型(景观模型、地质模型等)展示、场景模拟分析、地质建模、三维模型分割、三维虚拟钻孔、地形分析等多种功能。在三维数字地球中,支持二维 GIS 功能的无缝集成,提供二维、三维一体化应用。

(5)典型应用服务。MapGIS IGServer 针对 GIS 的一些典型应用需求,提供相应的功能服务,如地理编码服务,专题图,Mashup 地图,二维、三维热区等功能。针对移动终端的应用,提供 GPS 服务即实时定位、监控等功能。

3)MapGIS IGServer 的应用

对于应用,MapGIS IGServer 提供了一个可视化的搭建开发环境,通过简单的搭建配置流程,结合个别满足特定需求的插件,即可实现复杂的应用。用户只需要经过简单的可视化流程搭建(即简单地设置流程节点及流程节点的执行顺序),编辑流程参数及其传递方式,即可快速搭建功能模型,实现工作流建模。对于开发,MapGIS IGServer 平台采用“1+2+4”的产品模式,即一个开发平台,.NET 和 Java 两套开发路线,4 种二次开发方式。用户可根据项目选择相应的开发路线与二次开发方式,可以通过移动终端、桌面应用、浏览器等多种客户端调用 MapGIS 的开放、统一的 API,进行应用的定制。

目前,它已包括地税电子政务系统、气象局三维网络发布系统、中国地质调查信息网格、电网状态检修决策支持系统等在内的全领域服务。

2. MapGIS IGSS

IGSS 是一个缩写,全称是 MapGIS IGSS 共享服务平台解决方案。IGSS 共代表 4 层含义,分别是:互联互通(Internet GIS Sharing Server);智能洞察(Intelligent GIS Sharing);世界共享(International GIS Sharing Server);实现了前面 3 层,最终的目标是用持续的服务连接双方的空间(Inter-Geography with Sustainable service)。

MapGIS IGSS 地理空间信息共享服务平台解决方案在超大规模、虚拟化的硬件架构基础上，提供以微内核群(MicroCore)为支撑的高效可靠的空间信息数据中心(DataCenter)和可快速搭建配置、跨平台、可扩展的设计开发中心(Designer Center)，以“按需服务”的模式提供多层次的应用服务及解决方案。

1)MapGIS IGSS 的总体架构

MapGIS IGSS 的总体架构如图 5-2 所示。

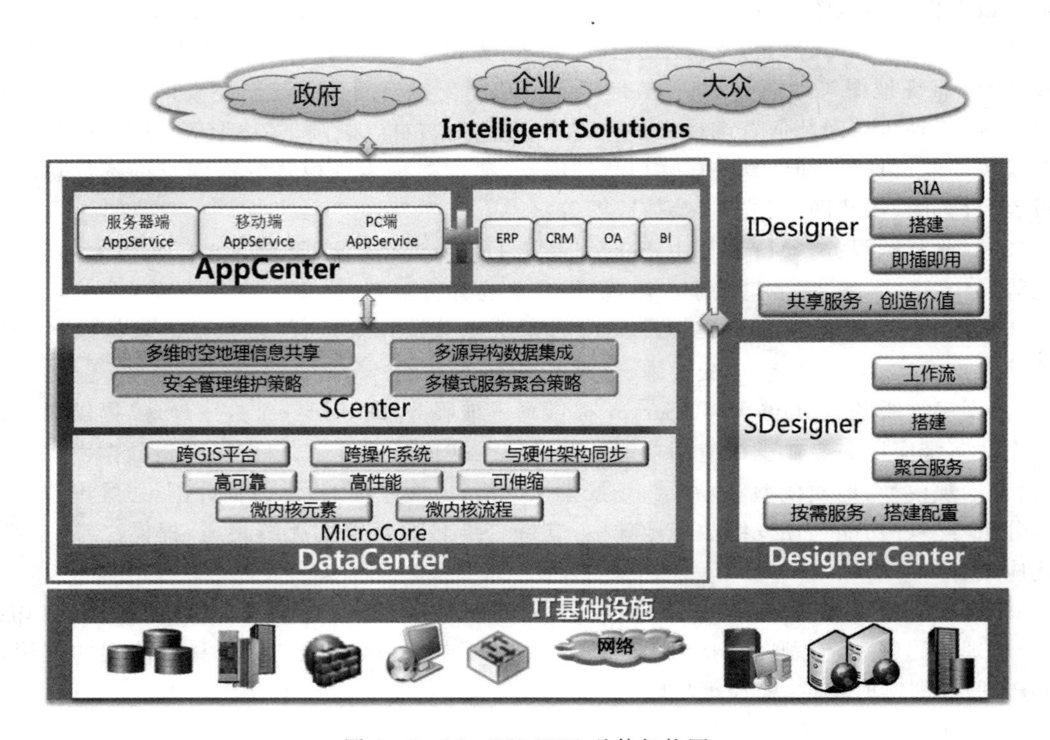

图 5-2　MapGIS IGSS 总体架构图

(1)IT 基础设施。根据不同的应用需要，建设网络及硬件基础设施，以超大规模、虚拟化的硬件架构为支撑，通过网络互联实现各层之间的信息流通与安全管理。

(2)DataCenter。空间信息数据中心是 MapGIS IGSS 的“心脏”，提供对服务器的管理以及一整套数据资源和功能资源的管理方法。

MicroCore：底层采用 MapGIS 微内核群技术对数据和功能进行统一管理，数据与功能实现了分离。

SCenter：空间信息服务中心提供安全管理维护策略和多模式服务聚合策略，可以发布地理信息服务功能，这些服务是可拆分、可聚合的，用户只需搭建、配置这些功能服务，而无需关心功能实现细节，降低了应用系统建设的复杂度。

(3)Designer Center。设计开发中心提供了一个可视化搭建开发环境，不需要技术高超的程序员，不需要大量的编码，只需简单的搭建配置流程，结合个别满足特定需求的插件，即可实现复杂的应用。

SDesigner：为 MapGIS IGSS 服务器端开发环境，提供底层服务的扩展开发，即通过跨平台的内核服务群向上封装扩展，或采用服务插件方式扩展，同时可结合工作流机制进行功能扩展。

IDesigner：为 MapGIS IGSS 应用、表达层开发环境，基于 DataCenter 服务之上的 Web 服务体系，IDesigner 以服务插件方式提供 Web 服务扩展，实现 GIS 功能与其他业务功能的扩展。

(4)AppCenter。空间信息软件应用中心支持多类型的客户端——Web 端、移动端、桌面端的应用，可便捷地获得 GIS 服务。同时，还可方便与 ERP、CRM、OA、BI 等企业系统进行有机的集成，为用户提供一体化的解决方案。通过 SCenter 的不断积累，AppCenter 可提供的服务不断增多，能最大限度地满足用户的需求。

(5)Intelligent Solutions。MapGIS IGSS 为用户提供两种构建解决方案的途径：直接从 AppCenter 已有的服务中选择适合的解决方案；通过 Designer Center 来构建个性化的解决方案。用户构建的解决方案也可在 MapGIS IGSS 中发布，用户既是共享服务平台的使用者，也是平台的建设者。

2)MapGIS IGSS 的主要特点

(1)应用领域信息全面共享。MapGIS IGSS 实现对多维时空地理空间信息的共享，并对全行业的数据进行智能化的挖掘和分析，这些信息都可在包括移动终端在内的多用户端实现共享。

多维时空行业地理空间信息共享：MapGIS IGSS 实现对空中、地上、地表、地下多维时空信息的共享，为关系到政府决策与国民经济发展的资源管理、地质调查、环境监测、航天遥感、城市建设、农林牧业等关键领域提供了科学指导和技术支撑。

智能化的全行业数据挖掘与分析：MapGIS IGSS 对多源 GIS 数据、多源影像数据、数据库表数据、文档数据等异构的空间数据和非空间数据进行集成管理。同时，MapGIS IGSS 实现分布式数据的挖掘与分析，利用 DataCenter 存放多源异构数据信息库，并对这些数据进行数据清理和集成，根据用户的数据挖掘请求，提取相关数据，最后通过数据挖掘引擎实现对数据的挖掘与分析。

(2)服务高效集成管理。MapGIS IGSS 应用 Scenter 的多模式服务聚合策略，集成大量类型异构、来源异构的功能资源，封装组合成各种数据服务和功能服务，以按需服务、动态聚合的理念，通过多行业信息服务和政府、企事业单位、大众的多层次信息服务的积累，形成行业“即需即取”的“服务超市”，实现全方位立体化的服务集成。

(3)应用快速构建。“即需即取”“即插即用”，支撑应用系统的快速构建。一方面 SCenter 将数据和服务进行整合，构建“服务超市”，当需要建立新的行业应用时，即可从“服务超市”中获取数据和服务，实现服务的“即需即取”；另一方面，用户根据自己的个性化需求，可利用设计开发框架 Designer Center，通过搭建、工作流、RIA 等方式快捷搭建智慧行业解决方案。

3. MapGIS Mobile 9

1)MapGIS Mobile 9 简介

MapGIS Mobile 9 依托 MapGIS IGSS 提供的丰富地理空间信息服务，面向行业和大众领域，提供无差异的在线和离线 GIS 服务，构建完整的应用解决方案，是一个可以让企业结合各种移动特性进行业务快速定制和开发的平台。用户可根据实际应用需求进行各种移动应用搭建与开发，对空间数据管理方案优化设计，并提供流程化的软件开发方法，给用户带来更多的便利。

MapGIS Mobile 9 也是一个工具平台，可以让软件开发者根据兴趣偏好进行各种与空间位置相关应用的开发。大量可重用的工具模块让开发者在最短的时间内搭建并完成业务模型的设计，是用户进行众多崭新服务模式设计和创意开发的起点；美观的地图显示与人性化的交互操作使得移动GIS的应用服务更加贴近用户、贴近生活。

MapGIS Mobile 9 延伸 MapGIS IGSS 的服务，针对各种空间位置服务需求，对各种主流移动平台、各种移动硬件设备提供丰富的GIS功能支持，通过可视化搭建开发工具，将移动服务、GIS服务、信息服务、定制服务无缝集成。

2)MapGIS Mobile 9 的功能特性

(1)对多源的地理数据信息的高效管理。在 MapGIS IGSS 的支撑下，对在线和离线数据进行一致化的管理，支持矢量、栅格、三维模型等多种数据格式；针对智能设备和GIS特性所设计的移动数据库，可与 MapGIS IGSS 实现数据同步、安全传输，实现空间与行业数据的快速迁移和安全共享。

(2)对云GIS强大服务与计算能力的精确传递。基于 MapGIS IGSS 的服务，实现完整的3S服务在移动端的集成，对动态交通信息实现集成化管理，支持快速卫星定位与地图投影转换，实现高效的移动GIS服务。

(3)对地理要素和用户信息的美观呈现。MapGIS Mobile 9 增强了对地理信息和用户信息的可视化表现，同时增强了地图要素渲染，支持栅格数据、矢量图形、纹理、线形、文字、动态标注等；高效的二维、三维一体化渲染引擎，支持数字高程模型、建模数据、矢量图形、栅格影像的一体化渲染；无缝的多源数据融合，包括在线离线融合、矢量栅格融合。

(4)对空间位置感知与智能服务的优秀集成。通过GPS、北斗、Wifi、重力等感应器，将无线传输、移动计算与位置服务在移动端完整集成，实现位置感知、数据自动同步、路径纠偏导航、地图智能显示、消息推送提醒等功能，实时分析处理各种数据，并将结果完美地呈现于用户手中。

(5)对创新型应用扩展和用户体验的良好缔造。结合丰富的行业业务积累和软件开发技术沉淀，提供了适合移动应用开发的搭建式开发工具，丰富的开发接口可让用户快速定制专属的移动应用；平台具备的移动应用开发模板加速了应用开发流程，用户可将工作重心转移到改进或创造崭新的业务模式上；对各类移动终端新特性的良好支持，给移动GIS应用带来了更丰富的表达方式，完善了用户的体验。

MapGIS Mobile 9 实现了对移动终端、移动通信、智能计算和GIS云服务的深度融合与集成，对行业应用和大众应用提供了更加灵活丰富的GIS服务。

第二节　IT基础环境

IT基础环境是支撑系统运行所需要的硬件设施和网络环境。它包括应用服务器、数据库服务器、处理器、内存、硬盘等。硬件设施包括信息发布服务器、应用服务器、数据库服务器、操作机、网络防火墙、交换机、磁盘阵列、标准机柜、UPS、KVM等(表5-1)。网络环境部署在政务内网，通过政务内网与气象局和测绘局进行信息交换(图5-3)。

表 5-1　硬件环境一览表

序号	硬件	备注	单位	数量
1	信息发布服务器	气象预警成果发布	台	1
2	应用服务器	部署气象预警系统	台	1
3	数据库服务器	存储数据	台	1
4	操作机	客户端操作	台	2
5	网络防火墙	网络安全保护	台	1
6	交换机	接入交换机、核心交换机	台	3
7	磁盘阵列	存放数据	套	1
8	标准机柜		个	1
9	UPS	备用电源	套	1
10	KVM		套	1

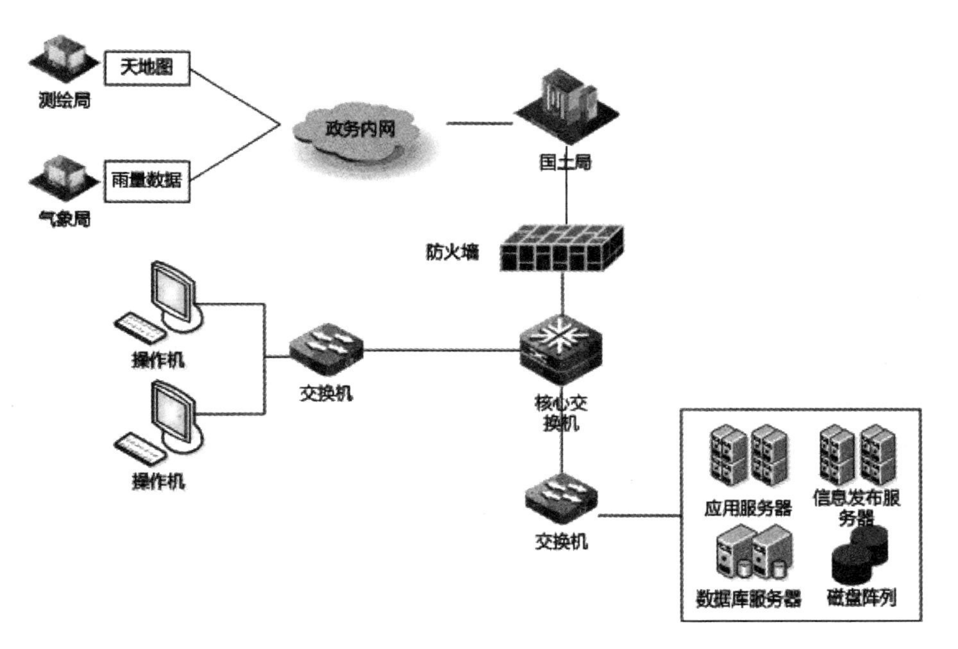

图 5-3　系统网络拓扑图

第三节　系统环境配置方案示例

系统环境配置方案示例如表 5-2、表 5-3 所示。

表 5-2　服务器配置和基础软件对应表

层	服务器配置	数量	主要基础软件
GIS 业务层	2×4 Xeon/8G	1	MapGIS K9
数据服务层			SQL Server 2008 版本

表5-3　软件运行环境

序号	运行环境名称	软件名称	备注
1	操作系统	Windows 7、Windows Server 等	Microsoft
2	数据库	SQL Server 2008 版本	数据存储数据库
3	GIS平台软件	MapGIS K9	中地数码
4	运行环境及应用框架	.Net Framework 4.0	Microsoft
		MVC 3.0	Microsoft
5	浏览器	IE 8.0 及以上版本	Microsoft
		Chrome 19.0 及以上版本	谷歌

本章小结

本章介绍了系统开发的环境配置，包括软件环境配置和硬件环境配置，详细介绍了比较常用的操作系统，.Net Framework 4.0 和 ASP.NET、MVC 开发框架，SQL Server 2008 数据库平台和 MapGIS IGServer 平台，让读者了解了它们的性能和优点，并给出了系统环境配置的案例供读者参考。

习　题

1. 操作系统主要有哪几种？
2. .Net Framework 4.0 的核心技术特点是什么？
3. MVC 的编程模式是怎样的？MVC 的优点是什么？
4. 什么是 MapGIS IGServer？MapGIS IGServer 有哪些功能服务？

第六章　系统功能代码示例

第一节　雨量管理功能代码示例

雨量管理模块实现的功能有预报采集、预报查询和雨量查询。

一、预报采集

1. 功能说明

预报采集功能是指能够将 TXT 格式的预报雨量数据导入到系统数据库之中的功能。

2. 代码示例

```
/// 临时雨量文件夹名称
public static string TempRainFile ="Files\\Temp";
public ActionResult FileUp(string username, string password)
{
    string result;
    string pathStation= Server.MapPath("~/" +RfOper.PathStationRf +"/");
    if (!Directory.Exists(pathStation))
        Directory.CreateDirectory(pathStation);
    try
    {
        //每次传过来的只有一个文件
        var postedFile =Request.Files["Filedata"];
        if (postedFile !=null && postedFile.FileName !=null)
        {
            string fileName =postedFile.FileName;
            postedFile.SaveAs(pathStation +fileName);
            //读取 Text 文件中信息,并存入数据库
            RfOper readTextYB =new RfOper();
            int flage =readTextYB.RfUpload(username, pathStation +fileName, " ");
            if (flage ==0)
                result ="4";
```

```
                else result =flage ==1 ? "1" : "2";    //result ="2"; //文件格式已上传
                }
            else
                result ="3";
        }
        catch (Exception ex)
        {
            result ="4"; //后台程序有错误发生。
        }
        return Content(result, "text/html.");}
```

二、预报查询

1. 功能说明

预报查询功能是指在已经导入预报雨量数据之后进行查询的功能，通过此功能可以查看详细的预报雨量数据，并且导出成excel列表。

2. 代码示例

```
public List<string[]>PreRfDateQuery(string startTime, string endTime, string timeFlag, string _pRfTable, string stationtableName, string connStr)
        {
            List<string[]>resultList =new List<string[]>();
            try
            {
                using (SqlConnection conn =new SqlConnection(connStr))
                {
                    if (conn.State ==ConnectionState.Open)
                        conn.Close();
                    conn.ConnectionString =connStr;
                    conn.Open();
                    string sql=" ";
                    if (timeFlag.Length<3)
                    {
                        sql ="select distinct Date,TimeFlag from " +_pRfTable +"_" +
timeFlag +"   where Date>='" +startTime +"' and Date<='" +endTime +"' order by Date desc";
                    }
                    else {
sql ="select distinct Date,TimeFlag from(select *  from ForecastRainfall_12 where Date >= '" +startTime +"' and Date<= '" +endTime +"' union all select *  from ForecastRainfall_24 where Date >='" +startTime +"' and Date<='" +endTime+"')"+" yb order by yb.Date desc";
```

```
                    }
                    SqlCommand cmd =new SqlCommand(sql, conn);
                    SqlDataReader reader =cmd.ExecuteReader();
                    if (reader.HasRows)
                    {
                        while (reader.Read())
                        {
                            string[] result = {reader["Date"].ToString(),
(string)reader["TimeFlag"]  };
                        resultList.Add(result);
                    }
                    cmd.Parameters.Clear();
                }
            }
            catch { }
            return resultList;
        }
```

三、雨量查询

1. 功能说明

雨量查询功能是指对实况雨量数据进行查询的功能。通过此功能可以实现对实况雨量的累积查询、5 天雨量累积查询、站点查询 3 项子功能。

2. 代码示例

```
/// <summary>
    /// 查询实况雨量,返回符合条件雨量信息(新方式)
    public ActionResult RfActuallyQueryDay(string queryCondition, string desc)
    {
        List<string[]>reList =new List<string[]>();

        RfQueryCondition conditionList =
(RfQueryCondition) JavaScriptConvert.DeserializeObject(queryCondition, typeof(RfQuery-
Condition));  //反序列化
        RfMonitorOper rfm =new RfMonitorOper();
        reList =rfm.RfActuallyQueryDay(conditionList,desc);
        if (reList ==null)
        {
            return Json("false");
        }
```

```
            return Json(reList);
        }

    /// <summary>
            public List<string[]>ImportRfActuallyQueryDay(RfQueryCondition condition,
    string desc)
            {
                List<string[]>reList =new List<string[]>();
                List<string[]>reListSL =new List<string[]>();
                if (!String.IsNullOrEmpty(condition.stationTypeQX) &&
                String.IsNullOrEmpty(condition.stationTypeSL))
                {//只查询气象雨量
                    reList =RfActuallyQueryDay(_RfMQXTable, _QXStationTable, _connStation,
"气象", condition, desc);
                }
                else if (String.IsNullOrEmpty(condition.stationTypeQX)
                && !String.IsNullOrEmpty(condition.stationTypeSL))
                {//只查询水利雨量
                    reList =RfActuallyQueryDay(_RfMSLTable, _SLStationTable, _connSta-
tion, "水利", condition, desc);
                }
                else if (!String.IsNullOrEmpty(condition.stationTypeQX) && !String.IsNullO-
rEmpty(condition.stationTypeSL))
                {//查询水利和雨量
                    reList(reListQX);
                    reList =RfActuallyQueryDay(_RfMQXTable, _QXStationTable,_connStation,
"气象", condition, desc);
                    reListSL =RfActuallyQueryDay(_RfMSLTable, _SLStationTable, _connStation,
"水利", condition, desc, reList.Count);
                    if (reListSL.Count >0 && reList.Count >0)
                    {
                        reList.AddRange(reListSL);
                    }
                    else if (reListSL.Count >0 && reList.Count <=0)
                    {
                        reList =reListSL;
                    }

                }
```

```
            return reList;
        }

/// <summary>
        /// 实况雨量查询(连续雨量累计)
        public List<string[]>RfActuallyQueryDay(string tableName, string stationtableName,
string connStr, string stationType, RfQueryCondition condition, string desc, int number =0)
        {
            List<string[]>resultList =new List<string[]>();
            GetTableName date =new GetTableName();
            List<string[]>dateList=RfActuallyTableName(tableName,condition.dateStart,
condition.dateEnd);
            try
            {
                using (SqlConnection conn =new SqlConnection(connStr))
                {
                    if (conn.State ==ConnectionState.Open)
                        conn.Close();
                    conn.ConnectionString =connStr;
                    conn.Open();
                    var timeLong=condition.dateStart.ToString("yyyy - MM - dd HH:mm:
ss") +"——" +condition.dateEnd.ToString("yyyy - MM - dd HH:mm:ss");

                    string sql ="select *   from( select yb.StationId, SUM(CollectRainFall)
AS 'sumRainFall' from ( select StationId,CollectTime,CollectRainFall from " +dateList[0][0];

                    for (int i =1; i <dateList.Count; i++)
                    {
                        sql +=" union all select StationId,CollectTime,CollectRainFall
from " +dateList[i][0];

                    }
                    sql +=" ) yb ," +stationtableName +
                        " fr where (yb.CollectTime >='" +condition.dateStart.ToString("
yyyyMMddHHmmss") +"' and yb.CollectTime <='" +condition.dateEnd.ToString("yyyyMMddH -
Hmmss") +"' ) and yb.StationId= fr.StationID and (yb.stationId like '%" +condition.areaInfo +"%' or
fr.StationName like '%" +condition.areaInfo +"%' or fr.City like '%"+condition.areaInfo +"%' or "
+" fr.Country like '%" +condition.areaInfo +"%' ) group by yb.StationId ) reB, " +stationtableName
```

```
+" reS where reB.StationId=reS.StationID ";

                    if (! String.IsNullOrEmpty(condition.rainfallTypeStart)
    && ! String.IsNullOrEmpty(condition.rainfallDataStart))
                    {
                        sql +=" and    '" +condition.rainfallDataStart +"' " +condition.rain-
fallTypeStart +" reB.sumRainFall ";
                    }
                    if (! String.IsNullOrEmpty(condition.rainfallTypeEnd)
    && ! String.IsNullOrEmpty(condition.rainfallDataEnd))
                    {
                        sql +=" and reB.sumRainFall " +condition.rainfallTypeEnd +" '" +
condition.rainfallDataEnd +"'";
                    }
                    sql +=" order by reB.sumRainFall " +desc;

                    SqlCommand cmd =new SqlCommand(sql, conn);
                    SqlDataReader reader =cmd.ExecuteReader();

                    if (reader.HasRows)
                    {
                        int num =1;
                        if (number !=0) num =number +1;
                        while (reader.Read())
                        {
                            string[] result ={ Convert.ToString(num++),
                                              stationType,
                                             (string)reader["StationID"],
                                             (string)reader["StationName"],
                                             (string)reader["City"],
                                             (string)reader["Country"],
                                             reader["Longitude"].ToString(),
                                             reader["Latitude"].ToString(),
                                             reader["sumRainFall"].ToString(),
                                             timeLong
                                             };

                            resultList.Add(result);
                        }
```

```
                    }
                    cmd.Parameters.Clear();
                    reader.Close();
                }

            }
            catch (Exception ex)
            {

            }
            return resultList;
        }

    /// <summary>
        /// 查询实况雨量,返回符合条件雨量信息(五天累计)
        public ActionResult rfActuallyQueryDayOne(string queryCondition)
        {
            List<ARfQueryDayRe>reList =new List<ARfQueryDayRe>();
            try
            {
                  RfQueryCondition conditionList =(RfQueryCondition)JavaScriptConvert.
DeserializeObject(queryCondition, typeof(RfQueryCondition));  //反序列化
                conditionList.dateStart =conditionList.dateEnd.AddDays(- 5);
                RfMonitorOper rfm =new RfMonitorOper();
                reList =rfm.RfActuallyQueryFiveDays(conditionList);
            }
            catch { }
            return Json(reList);
        }

    # region 实况雨量查询(五天累计)
        /// <summary>
        /// 查询实况雨量,返回符合条件雨量信息(单日雨量累计)
        /// </summary>
        /// <param name="condition"></param>
        /// <returns></returns>
         public List<ARfQueryDayRe>ImportRfActuallyQueryFiveDays(RfQueryCondition
condition)
        {
```

```
            List<ARfQueryDayRe>reList =new List<ARfQueryDayRe>();
            List<ARfQueryDayRe>reListSL =new List<ARfQueryDayRe>();
            if (! String.IsNullOrEmpty(condition.stationTypeQX) && String.IsNullOrEmpty
(condition.stationTypeSL))
            {//只查询气象雨量
                reList = RfActuallyQueryFiveDays(_RfMQXTable, _QXStationTable, _
connStation, "气象", condition);
            }
            else if (String.IsNullOrEmpty(condition.stationTypeQX) && ! String.IsNullO-
rEmpty(condition.stationTypeSL))
            {//只查询水利雨量
                reList = RfActuallyQueryFiveDays(_RfMSLTable, _SLStationTable, _
connStation, "水利", condition);
            }
            else if (! String.IsNullOrEmpty(condition.stationTypeQX) && ! String.IsNullO-
rEmpty(condition.stationTypeSL))
            {//查询水利和雨量

                reList = RfActuallyQueryFiveDays(_RfMQXTable, _QXStationTable, _
connStation, "气象", condition);
                reListSL = RfActuallyQueryFiveDays(_RfMSLTable, _SLStationTable, _
connStation, "水利", condition, reList.Count);
                if (reListSL.Count >0 && reList.Count >0)
                {
                    reList.AddRange(reListSL);
                }
                else if (reListSL.Count >0 && reList.Count <=0)
                {
                    reList =reListSL;
                }

            }

            return reList;
        }

    /// <summary>
        /// 查询实况雨量,返回符合条件雨量信息(popup中信息)
         public ActionResult RfActuallyQueryLonLat(string Longitude, string Latitude,
```

```
string StationId, string StationType)
        {
            List<string[]>reList =new List<string[]>();
            try
            {
                RfMonitorOper rfm =new RfMonitorOper();
                reList =rfm.RfActuallyQueryLonLat(Longitude, Latitude, StationId, Sta -
tionType);
            }
            catch { }
            return Json(reList);
        }

    /// <summary>
        /// 查询实况雨量,返回符合条件雨量信息(popup 中信息)
        public List<string[]>RfActuallyQueryLonLat(string tableName, string stationt-
ableName, string connStr, string stationType, string Longitude, string Latitude, string StationId)
        {
            List<string[]>resultList =new List<string[]>();
            try
            {

                DateTime timeEnd =DateTime.Now;
                DateTime timeStart =timeEnd.AddHours(- 12);

                //DateTime timeEnd =Convert.ToDateTime("2013 - 05 - 07 10:00:00");
                //DateTime timeStart =timeEnd.AddHours(- 24);

                GetTableName date =new GetTableName();
                List<string[]>dateList =date.RfActuallyTableNameDay(tableName, time-
Start, timeEnd);

                //string sql =" select *  from( select StationId,CollectTime,CollectRain -
Fall from" +dateList[0][0];
                //for (int i =1; i <dateList.Count; i++)
                //{
                //      sql+ =" union all select StationId, CollectTime, CollectRainFall
from " +dateList[i][0];
                //}
```

```
                    //sql +=" ) yb ," +stationtableName +
                    //          " fr where (yb.CollectTime >'" +timeStart.ToString("yyyyMMd -
dHHmmss") +"' and yb.CollectTime <='" +timeEnd.ToString("yyyyMMddHHmmss") +
                    //          "' ) and yb.StationId='"+StationId +"'and yb.StationId= fr.Station -
ID and (fr.Longitude ='" +Longitude +"' and fr.Latitude ='" +Latitude +"' ) order by CollectTime ";

                    //DataTable dt =_sqlHelper.GetDataTable(sql);

                    DataTable dt =new DataTable();
                    string sql =" ";
                    for (int i =dateList.Count - 1; i >=0; i --)
                    {
                        sql =SQL_SELECT_IF_EXISTS +dateList[i][0] +"') select *  from
  ( select StationId,CollectTime,CollectRainFall from  " +dateList[i][0] +
                             " ) yb ," +stationtableName +
                             " fr where (yb.CollectTime >'" +
   timeStart.ToString("yyyyMMddHHmmss") +"' and yb.CollectTime <='" +timeEnd.ToString("
yyyyMMddHHmmss") +
                             "' ) and yb.StationId='" +StationId +"' and yb.StationId= fr.Station-
ID  and (fr.Longitude ='" +Longitude +"' and fr.Latitude ='" +Latitude +"' ) order by CollectTime ";

                        dt.Merge(_sqlHelper.GetDataTable(sql));
                    }
                    if (dt.Rows.Count >0) //查询结果中存在数据
                    {
                        int num =1;
                        foreach (DataRow reader in dt.Rows)
                        {
                            string aa =reader["CollectTime"].ToString();
                            string bb =aa.Substring(0, 4) +"-" +aa.Substring(4, 2) +"-" +aa.
Substring(6, 2) +
                                " " +aa.Substring(8, 2) +":" +aa.Substring(10, 2) +":" +aa.
Substring(12, 2);
                            DateTime readOne =Convert.ToDateTime(bb);
                            if (resultList.Count >0)
                            {
                                string dd =resultList.Last()[9];
                                string tt =dd.Substring(0, 4) +"-" +dd.Substring(4, 2) +"-"
+dd.Substring(6, 2) +
```

```
                    " " +dd.Substring(8, 2) +":" +dd.Substring(10, 2) +":" +dd.
Substring(12, 2);
                    DateTime addOne =Convert.ToDateTime(tt);
                    if (readOne !=addOne.AddHours(1)) //结果列表中存在数
据,但 12 小时中间数据不存在
                    {
                        TimeSpan span =readOne - addOne;
                        int hourSpan =span.Hours;

                        for (int i =1; i <hourSpan; i++)
                        {
                            string[] re ={
                                    Convert.ToString(num++),
                                    stationType,
                                    (string)reader["StationID"],
                                    (string)reader["StationName"],
                                    (string)reader["City"],
                                    (string)reader["Country"],
                                    reader["Longitude"].ToString(),
                                    reader["Latitude"].ToString(),
                                    "-",
addOne.AddHours(i).ToString("yyyyMMddHHmmss")
                            };
                            resultList.Add(re);
                        }
                    }
                }
                else if (readOne !=timeStart.AddHours(1))//结果列表中不存在
数据,即 12 小时开始数据不存在
                {
                    TimeSpan span =readOne - timeStart;
                    int hourSpan =span.Hours;
                    for (int i =1; i <hourSpan; i++)
                    {
                        string[] re ={
                                    Convert.ToString(num++),stationType,
                                    (string)reader["StationID"],
                                    (string)reader["StationName"],
                                    (string)reader["City"],
```

```
                                        (string)reader["Country"],
                                        reader["Longitude"].ToString(),
                                        reader["Latitude"].ToString(),
                                        "-",
    timeStart.AddHours(i).ToString("yyyyMMddHHmmss")
                                   };
                              resultList.Add(re);
                         }
                    }
                    string[] result = { Convert.ToString(num++),
                                            stationType,
                                        (string)reader["StationID"],
                                        (string)reader["StationName"],
                                        (string)reader["City"],
                                        (string)reader["Country"],
                                        reader["Longitude"].ToString(),
                                        reader["Latitude"].ToString(),
                                        reader["CollectRainFall"].ToString(),
                                        reader["CollectTime"].ToString()
                                        };

                    resultList.Add(result);
               }

               if (resultList.Last()[9] != timeEnd.ToString("yyyyMMddHHmmss")) //
结果列表中存在数据,但 12 小时结束数据不存在
               {
                    string dd = resultList.Last()[9];
                    string tt = dd.Substring(0, 4) +"-" +dd.Substring(4, 2) +"-" +dd.
Substring(6, 2) +
                    " " +dd.Substring(8, 2) +":" +dd.Substring(10, 2) +":" +dd.Sub -
string(12, 2);
                    DateTime lastOne = Convert.ToDateTime(tt);
                    TimeSpan spanHour = timeEnd - lastOne;
                    int spanhour = spanHour.Hours;
                    for (int t = 1; t <= spanhour; t++)
                    {
                         string[] re = {
                                        Convert.ToString(num++),
```

```
                                    stationType,
                                    resultList.Last()[2],
                                    resultList.Last()[3],
                                    resultList.Last()[4],
                                    resultList.Last()[5],
                                    resultList.Last()[6],
                                    resultList.Last()[7],
                                    "␣",

lastOne.AddHours(t).ToString("yyyyMMddHHmmss")
                              };
                        resultList.Add(re);
                    }

                }

            }
            else //查询结果中不存在数据
            {
                string sqlStation = "select *  from " +stationtableName +" where StationID ='" +StationId +"' and Longitude ='" +Longitude +"' and Latitude ='" +Latitude +"' ";
                DataTable dtstation = _sqlHelper.GetDataTable(sqlStation);
                if (dtstation.Rows.Count >0) //不存在的表直接忽略
                {
                    foreach (DataRow reader in dtstation.Rows)
                    {
                        for (int j =1; j <13; j++)
                        {
                            string[] result ={ Convert.ToString(j),
                                        stationType,
                                        (string)reader["StationID"],
                                        (string)reader["StationName"],
                                        (string)reader["City"],
                                        (string)reader["Country"],
                                        reader["Longitude"].ToString(),
                                        reader["Latitude"].ToString(),
                                        "␣",
```

```
timeStart.AddHours(j).ToString("yyyyMMddHHmmss")
                                        };
                                resultList.Add(result);
                            }

                        }
                    }
                }

            }
            catch (Exception ex)
            {

            }
            return resultList;

        }
```

第二节　雨量监控功能代码示例

雨量监控模块主要是在通过设置监控条件之后，可以实时地监控雨量数据，并且在此模块可以查看到监控的信息、报警的站点信息。实现的功能有监控条件设置和监测信息查询。

一、监控条件设置

1. 功能说明

监控条件设置功能是指通过设置一定的监测条件，可以让雨量监控自动程序根据条件去实时地监控各个雨量站点的雨量，从而达到雨量报警的目的。

2. 代码示例

```
// 添加监控开关的操作
        public ActionResult rfMonitorChangeState(string id, string changeState)
        {
            bool res =false;
            RfMonitorOper rfm =new RfMonitorOper();
            res =rfm.RfMonitorChangeState(id, changeState);
            return Json(res, JsonRequestBehavior.AllowGet);;
        }
```

```
/// <summary>
        /// 添加监测条件
        /// </summary>
        /// <param name="condition">监测类型 StionType,影响因素 Factor,时间类型 TimeType,时间长度 TimeLong,雨量值 AlarmValue,开启状态 Status</param>
        /// <returns></returns>
        public ActionResult rfMonCondInsert(string condition)
        {
            bool re=false;
            List<string>roleList =
    (List<string>)JavaScriptConvert.DeserializeObject(condition, typeof(List<string>));  //反序列化
            foreach (string t in roleList)
            {
                if (String.IsNullOrEmpty(t))
                {
                    return Json(4, JsonRequestBehavior.AllowGet);
                }
            }

            RfMonitorOper rfm =new RfMonitorOper();
            int res =rfm.RfMonCondExit(roleList);
            if (res==2)
            {
                re =rfm.RfMonCondInsert(roleList);
                return Json(re, JsonRequestBehavior.AllowGet);
            }
            else {
                return Json(res, JsonRequestBehavior.AllowGet);
            }
        }

/// <summary>
        /// 删除监测条件
        /// </summary>
        /// <param name="condition">id
        /// <returns></returns>
        public ActionResult rfMonCondDelete(string id)
        {
```

```
            bool re =false;
            RfMonitorOper rfm =new RfMonitorOper();
            re =rfm.RfMonCondDelete(id);

            return Json(re, JsonRequestBehavior.AllowGet);
        }

        /// <summary>
        /// 修改监测条件
        /// </summary>
        /// <param name="condition">id
        /// <returns></returns>
        public ActionResult rfMonCondModify(string monitorInfoOld, string monitorIn-
foNew)
        {
            bool re =false;
            List<string>newList =
    (List<string>)JavaScriptConvert.DeserializeObject(monitorInfoNew, typeof(List<string>));
  //反序列化
            foreach (string t in newList)
            {
                if (String.IsNullOrEmpty(t))
                {
                    return Json(4, JsonRequestBehavior.AllowGet);
                }
            }
            RfMonitorOper rfm =new RfMonitorOper();
            int res =rfm.RfMonCondExit(newList);
            if (res ==2)
            {
                re =rfm.RfMonCondModify(newList);
                return Json(re, JsonRequestBehavior.AllowGet);
            }
            else
            {
                return Json(res, JsonRequestBehavior.AllowGet);
            }

        }
```

二、监测信息查询

1. 功能说明

监测信息查询功能是指设置查询条件，查询符合此条件下的历史监测信息及报警站点的信息的功能。

2. 代码示例

```
// 今日监控信息的查看
        public ActionResult QueryTodayMintorInfosCount(string sTime, string eTime)
        {
            string res = " ";
            RfMonitorOper rfm = new RfMonitorOper();
            res = rfm.QueryMintorInfoCountByTime( sTime, eTime);
            return Json(res, JsonRequestBehavior.AllowGet);
        }

// 根据时间去查看监控雨量的条数，返回字符串，中间有 & 连接，气象在前，水利在后
        public string ImportRfMonitorInfoCountByTime(string sTime, string eTime)
        {
            string qxCount = RfMointorInfoCountByTime(sTime, eTime, _connStation, _RfQXATable);
            string slCount = RfMointorInfoCountByTime(sTime, eTime, _connStation, _RfSLATable);
            return qxCount +"&" +slCount;
        }

// 根据时间去查询的监控信息的条数，返回字符串
        public string RfMointorInfoCountByTime (string sTime, string eTime, string connStr, string tableName)
        {
            string res = " ";
            try
            {
                using (SqlConnection conn = new SqlConnection(connStr))
                {
                    if (conn.State == ConnectionState.Open)
                        conn.Close();
                    conn.ConnectionString = connStr;
                    conn.Open();
```

```
                    string sql ="select COUNT(*) as sum from " +tableName +" where AlarmDate <='"+eTime+"' and AlarmDate >='"+sTime+"'";

                    SqlCommand cmd =new SqlCommand(sql, conn);
                    SqlDataReader reader =cmd.ExecuteReader();
                    if (reader.HasRows)
                    {
                        while (reader.Read())
                        {
                            res =reader["sum"].ToString();
                        }
                    }
                }
            }
            catch
            {
                return "false";
            }
            return res;
```

第三节　气象预警功能代码示例

气象预警模块基于地质灾害气象预警模型进行预警分析。实现的功能有预警分析、历史预警和自我修订。

一、预警分析

1. 功能说明

预警分析功能是专门为地质灾害预警分析而建设的一个功能，它涵盖了整个地质灾害气象预警的流程，主要有预警条件设置、预警分析、预警结果编辑、预警结果分析、预警成果发布等功能。

2. 代码示例

```
/// <summary>
        /// 执行预警分析
        public ActionResult ExecuteWarn()
        {
            var query =GetQueryStr(Request.InputStream);
            if (!ValidateUser(query["username"], query["password"]))
```

```
                return Json("-1", JsonRequestBehavior.AllowGet);
            WarnOper oper = new WarnOper();
            //var result = oper.WarnAnalyse(query["date"], query["mode"], query["rf-
mode"], query["ybmode"]);
            //var result = oper.WarnExecute(query["mode"], query["date"]);
            string step = query["step"];
            string result = " ";
            switch (step)
            {
                case "1":
                    result = oper.PartWarnAnalyse1(query["date"], query["mode"], query
["rfmode"], query["ybmode"]);
                    break;
                case "2":
                    result = oper.PartWarnAnalyse2(query["pntLayer"]);
                    break;
                case "3":
                    result = oper.PartWarnAnalyse3(query["wp"], query["wl"]);

                    break;
                case "4":
                    result = oper.PartWarnAnalyse4(query["date"], query["mode"], query
["rfModeSave"], query["grade"],
                                                query["color"], query["wp"],
query["wl"]);
                    break;
            }

            return Json(result, JsonRequestBehavior.AllowGet);
        }

    /// <summary>
        /// 预警分析结果图层与某个图层的叠加分析
        public ActionResult WrlayerOverlay()
        {
            var query = GetQueryStr(Request.InputStream);
            if (!ValidateUser(query["username"], query["password"]))
                return Json("-1", JsonRequestBehavior.AllowGet);
            WarnResultOper oper = new WarnResultOper();
```

```
                    string step =query["step"];
                    string result =" ";
                    switch (step)
                    {
                        case "1":
                            result =oper.PartLayerOverlay1(query["warnDate"], query["path"]);
                            break;
                        case "2":
                            result =oper.PartLayerOverlay2(query["overLayer"], query["grade"],
query["attr"]);
                            break;
                        case "3":
                            result =oper.PartLayerOverlay3(query["overLayer"], query["grade"],
query["index"],
    Convert.ToInt32(query["gradeIndex"]),
    Convert.ToInt32(query["pageCount"]),
    Convert.ToInt32(query["page"]));
                            break;
                        case "4":
                              result = oper.PartLayerOverlay4 (query ["overLayer"], query ["
grade"]);
                            break;
                        case "5":
                            result =oper.PartLayerOverlay5(query["overLayer"], query["grade"],
query["keyAttr"],
                                                        query["showAttr"], query["
staAttr"]);
                            break;
                        case "6":
                            result =oper.PartLayerOverlay6(query["warnDate"], query["path"]);
                            break;
                    }
                    return Json(result, JsonRequestBehavior.AllowGet);
                }

    /// <summary>
                /// 创建预警结果图
                public ActionResult PubLayerCreate()
                {
```

```
            var query =GetQueryStr(Request.InputStream);
            if (!ValidateUser(query["username"], query["password"]))
                return Json("-1", JsonRequestBehavior.AllowGet);
            WarnResultOper oper =new WarnResultOper();
            var result =oper.CreatePubLayer(query["warnDate"], query["cityData"], query
["color"]);
            return Json(result, JsonRequestBehavior.AllowGet);
        }
```

二、历史预警

1. 功能说明

历史预警功能是对历史的预警信息进行浏览的功能。

2. 代码示例

```
/// <summary>
        /// 历史预警查询
        /// </summary>
        /// <param name="start">查询开始时间</param>
        /// <param name="end">查询结束时间</param>
        /// <param name="type">数据类型</param>
        /// <param name="queryStart">返回数据起点</param>
        /// <returns></returns>
        public ActionResult QueryHistoryWarnList(string start, string end, string type, int
queryStart)
        {
            //DateTime warnStartDate =Convert.ToDateTime(start);
            string warnStartDate =DateTime.Parse(start).ToString("yyyy-MM-dd");
            string warnEndDate =DateTime.Parse(end).ToString("yyyy-MM-dd");
            //DateTime warnEndDate =Convert.ToDateTime(end);
            WarnOper oper =new WarnOper();
            List<WarnHistoryBack>backlist=oper.WarnHistoryQuery(warnStartDate, warnEndDate,
type, queryStart);
            return Json(backlist);
        }

/// <summary>
        /// 历史预警查询首页列表展示
        /// </summary>
        /// <param name="start">开始时间</param>
```

```
        /// <param name="end">结束时间</param>
        /// <param name="type">数据类型</param>
        /// <param name="queryStart">查询开始起点</param>
        /// <param name="eachPageNum">每页显示条数</param>
        /// <returns></returns>
        public ActionResult QueryWarnHistoryFirst(string start, string end, string type, int
queryStart,string eachPageNum)
        {
            WarnOper oper=new WarnOper();
            int eachPage =int.Parse(eachPageNum);
            string warnStartDate =DateTime.Parse(start).ToString("yyyy - MM - dd");
            string warnEndDate =DateTime.Parse(end).ToString("yyyy - MM - dd");
            List<WarnResult>back =oper.WarnHistoryListQuery(warnStartDate, warnEnd-
Date, type, queryStart, eachPage);
            return Json(back);
        }

    /// <summary>
        /// 在首页历史预警列表中查询记录详情
        /// </summary>
        /// <param name="queryId">记录的 id</param>
        /// <returns></returns>
        public ActionResult SkipToCompletePage(int queryId)
        {
            FjdzWarningEntities entities=new FjdzWarningEntities();
            WarnResult back =entities.WarnResult.Where(q =>q.ID ==queryId).SingleOr -
Default();
            return Json(JavaScriptConvert.SerializeObject(back));
        }

    /// <summary>
        ///历史预警结果下载
        /// </summary>
        /// <param name="resultName">下载预警结果类型</param>
        /// <param name="id">预警结果唯一 id</param>
        public void DownWarnResults(string resultName,string id)
        {
            int queryId =int.Parse(id);
            FjdzWarningEntities entities =new FjdzWarningEntities();
```

```
                List<string>results =
(List<string>)JavaScriptConvert.DeserializeObject(resultName, typeof(List<string>));
                WarnPublish publish =entities.WarnPublish.Where(q =>q.ID ==queryId).Sin-
gleOrDefault();
                var downPath =" ";

                try
                {
                    if (publish !=null)
                    {
                        switch (results[0])
                        {
                            case "成果图":
                                downPath =publish.ImgPath;
                                break;
                            case "签批单":
                                downPath =publish.DocGradePath;
                                break;
                            case "预警等级表":
                                downPath =publish.ExlGradePath;
                                break;
                            case "乡镇等级表":
                                downPath =publish.TownGradePath;
                                break;
                            default:break;
                        }

                        string[] fileInfoArray =downPath.Split('/');
                        string fileName =fileInfoArray[fileInfoArray.Length - 1];

                        if (System.IO.File.Exists(downPath))
                        {
                            FileStream stream =new FileInfo(downPath).OpenRead();
                            byte[] buffer =new byte[stream.Length];
                            stream.Read(buffer, 0, buffer.Length);
                            stream.Close();
                            Response.AddHeader("Accept-Ranges", "bytes");
                            Response.ContentType ="application/octet-stream";
                            Response.ContentEncoding =System.Text.Encoding.UTF8;
```

```
                    Response.AddHeader("Content - Disposition", "attachment;
filename=\" " +HttpUtility.UrlEncode(fileName, System.Text.Encoding.UTF8));
                    Response.BinaryWrite(buffer);
                    Response.Flush();
                    Response.End();
                }
                else
                {
                    Response.Write("<script language =javascript>alert('文件不存在
或已移动');window.close();</script>");
                }
            }
            else
            {
                   Response.Write("<script language =javascript>alert('下载出错');
window.close();</script>");
            }

        }
        catch (Exception)
        {
            Response.Write("<script language =javascript>alert('出现异常');window.
close();</script>");
        }
    }
```

三、自我修订

1. 功能说明

自我修订功能是指能够通过导入或输入灾害点数据来按照一定的规则进行预警分区预警阈值的自动修改的功能。

2. 代码示例

```
//点击自我修订的方法
      public ActionResult ReviseAutoByReviseStatistic(string statisticResult)
      {
          List<ReviseStatistic>statisticResultList =(List<ReviseStatistic>)JavaScript -
Convert.DeserializeObject(statisticResult, typeof(List<ReviseStatistic>));
          //组建需要查询的分区号
          List<string>polygonNumberList =new List<string>();
```

```
            WarnOper oper =new WarnOper();
            for (int i =0; i <statisticResultList.Count; i++)
            {
                ReviseStatistic rs =statisticResultList.ElementAt(i);
                string polygonNumber =rs.polygonNumber;
                if(! (polygonNumberList.Contains(polygonNumber)))
                {
                    polygonNumberList.Add(polygonNumber);
                }
            }
            //得到分区对应的雨量站点编号
            List<RevisePolygonStation>rpsList =new List<RevisePolygonStation>();
            for (int i =0; i <polygonNumberList.Count; i++)
            {
                string polygonNumber =polygonNumberList.ElementAt(i);
                  RevisePolygonStation rps = oper.QueryStationIdByPolygonId(polygon-
Number);
                rpsList.Add(rps);
            }
            //过滤最终要修改的分区
             List<ReviseAutoLast>lastList = oper.FilterReviseAutoLast(rpsList, statisti-
cResultList);
            //对最终需要修改的分区进行修改,最后的方法
            string str =oper.ChangePolygonParamByReviseAutoLast(lastList);

            return Json(str);
        }

    //手动输入的灾害点数据进行自我修订功能
        //返回统计出来的结果给前台
        public ActionResult SrDisasterInfoForReviseSet(string info)
        {
            List<ReviseInput>reInputList =(List<ReviseInput>)JavaScriptConvert.Deserial-
izeObject(info, typeof(List<ReviseInput>));
            //对 reInputList 进行统计解析
            List<ReviseStatistic>resultList =StatictisReviseInputData(reInputList);
            return Json(resultList);
        }
```

```
//解析统计灾害点输入信息
public List<ReviseStatistic>StatictisReviseInputData(List<ReviseInput>list)
{
    List<ReviseStatistic>resultList =new List<ReviseStatistic>();
    WarnOper oper =new WarnOper();
    for (int i =0; i <list.Count;i++)
    {
        ReviseInput re =list.ElementAt(i);
        string lon =ChangeLonOrLatStyle(re.lon);
        string lat =ChangeLonOrLatStyle(re.lat);
        string day =re.day;
        string time =re.time;
        string polygonNumber =oper.QueryYjPolygonNumberByLonLat(lon, lat);
        resultList =HandlerReviseStatistic(resultList,polygonNumber,day,time);
    }
    return resultList;
}

//读取自我修订中导入的Excel文件
public DataSet ReadPostedReviseSetExcel(string tempExcelPath, string fileType)
{
    //加载Excel
    try
    {
        string strConn ="Provider=Microsoft.ACE.OLEDB.12.0;" +"Data Source=
" +tempExcelPath +";" +";Extended Properties=\" Excel 12.0;HDR=YES;IMEX=1\" ";
        if (fileType =="xls")
            strConn ="Provider=Microsoft.Jet.OLEDB.4.0;" +"Data Source=" +
tempExcelPath +";" +";Extended Properties=\" Excel 8.0;HDR=YES;IMEX=1\" ";
        OleDbConnection OleConn =new OleDbConnection(strConn);
        OleConn.Open();
        String sql="SELECT * FROM[Sheet1$ ]";//可以更改Sheet名称,比如
sheet2,等等
        OleDbDataAdapter OleDaExcel =new OleDbDataAdapter(sql, OleConn);
        DataSet OleDsExcle =new DataSet();
        OleDaExcel.Fill(OleDsExcle, "Sheet1");
        OleConn.Close();
        return OleDsExcle;
    }
```

```
            catch (Exception err)
            {
                return null;
            }
        }

    //通过导入 Excel 去修改降雨阈值参数
        public string RfValImpForModify(string fileType)
        {
            //先将上传的文件保存
            string tempExcelPath =Server.MapPath("~/Files\\ RfValModifyExcelTemp/");
            if (!Directory.Exists(tempExcelPath))
                Directory.CreateDirectory(tempExcelPath);
            //每次传过来的只有一个文件
            var postedFile =Request.Files["RfValImpFile"];
            string fileName =" ";
            if (postedFile !=null && postedFile.FileName !=null)
            {
                fileName =postedFile.FileName;
                postedFile.SaveAs(tempExcelPath +fileName);
            }
            //读取保存过后的文件
            DataSet readDataSetOneDay =ReadPostedWarnRfValModifySetExcel(tempEx-
celPath +fileName, fileType,"一天等级");
             DataSet readDataSetThreeDay =ReadPostedWarnRfValModifySetExcel(tem-
pExcelPath +fileName, fileType, "三天等级");
            DataSet readDataSetFiveDay =ReadPostedWarnRfValModifySetExcel(tempEx-
celPath +fileName, fileType, "五天等级");
            List<DataSet>dataSetList =new List<DataSet>() { readDataSetOneDay, readD-
ataSetThreeDay, readDataSetFiveDay };
            List<string>varNameList =new List<string>() {"一天","三天","五天" };
            if (readDataSetOneDay !=null && readDataSetThreeDay!=null && readData-
SetFiveDay!=null)
            {//读取成功,先删除
                System.IO.File.Delete(tempExcelPath +fileName);
                //对 dataset 进行解析
                List<WarnRfVal>reWarnRfVal =new List<WarnRfVal>();
                for (int i =0; i <dataSetList.Count; i++)
                {
```

```
                    var tables =dataSetList.ElementAt(i).Tables[0];
                    for (int j =0; j <tables.Rows.Count; j++)
                    {
                        WarnRfVal temp =new WarnRfVal();
                        temp.ID =Int32.Parse(tables.Rows[j][0].ToString());
                        temp.VarName =varNameList.ElementAt(i);
                        temp.ZoneCode =(j+1).ToString();
                        temp.ZoneName =tables.Rows[j][1].ToString();
                        temp.RfValue1 =tables.Rows[j][2].ToString();
                        temp.GradeValue1 =tables.Rows[j][3].ToString();
                        temp.RfValue2 =tables.Rows[j][4].ToString();
                        temp.GradeValue2 =tables.Rows[j][5].ToString();
                        temp.RfValue3 =tables.Rows[j][6].ToString();
                        temp.GradeValue3 =tables.Rows[j][7].ToString();
                        temp.RfValue4 =tables.Rows[j][8].ToString();
                        temp.GradeValue4 =tables.Rows[j][9].ToString();
                        temp.RfValue5 =tables.Rows[j][10].ToString();
                        temp.GradeValue5 =tables.Rows[j][11].ToString();
                        reWarnRfVal.Add(temp);
                    }
                }
                string str =JavaScriptConvert.SerializeObject(reWarnRfVal);
                string flag =WarnOper.WarnRfValImpSave(str);
                return flag;
            }
            else
            {
                return "false";
            }
        }
        //从导入的Excel文件中读取降雨阈值
        public DataSet ReadPostedWarnRfValModifySetExcel(string tempExcelPath, string
fileType,string sheetName)
        {
            //加载Excel
            string strConn ="Provider=Microsoft.ACE.OLEDB.12.0;" +"Data Source=" +
tempExcelPath +";" +";Extended Properties=\"Excel 12.0;HDR=YES;IMEX=1\"";
            if (fileType =="xls")
                strConn ="Provider=Microsoft.Jet.OLEDB.4.0;" +"Data Source=" +tem-
```

```
pExcelPath +";" +";Extended Properties=\" Excel 8.0;HDR=YES;IMEX=1\" ";
                OleDbConnection OleConn =new OleDbConnection(strConn);
                try
                {
                    OleConn.Open();
                    String sql ="SELECT *  FROM  [" +sheetName +" $]";//可以更改 Sheet
名称,比如 sheet2,等等
                    OleDbDataAdapter OleDaExcel =new OleDbDataAdapter(sql, OleConn);
                    DataSet OleDsExcle =new DataSet();
                    OleDaExcel.Fill(OleDsExcle, sheetName);
                    OleConn.Close();
                    return OleDsExcle;
                }
                catch (Exception err)
                {
                    OleConn.Close();
                    return null;
                }

            }
```

第四节　灾害管理功能代码示例

灾害管理模块基于已经导入系统数据库的灾害点信息进行统计分析。

一、灾害统计

1. 功能说明

灾害统计功能是对已有灾害点的数据进行统计分析的功能模块,它主要是直观地展现出灾害点的各类统计图,能够使用户对灾害点的大致分布有个直观的感受。

2. 代码示例

```
/// <summary>
        /// 基础图属性查询,全部查询(获取总条数)
        /// </summary>
        /// <param name="onlyLayerStr">属性查询的基础图</param>
        /// <param name="start">起始条数</param>
        /// <returns></returns>
        public ActionResult BaseLayerAdded(string onlyLayerStr,string start)
```

```
            {
                BaseLayerInfo only = (BaseLayerInfo) JavaScriptConvert.DeserializeObject
(onlyLayerStr, typeof(BaseLayerInfo));

                string url ="http://" +GISSrcIP +":" +GISSrcPort +"/igs/rest/mrfs/layer/query?
gdbp=" +only.Gdbp +"&f=json" +
                        "&page=" +start +
"&pageCount= 100000&structs= {IncludeAttribute:true, IncludeGeometry:true, IncludeWebGraphic:
true}";
                string responseHTML =QueryLayer(url);
                var flowResult =
(SFeatureElementSet) JavaScriptConvert.DeserializeObject(responseHTML, typeof(SFeatureEle-
mentSet));
                List<List<string>>backlist =PackageData(flowResult);
                int allRecords =flowResult.SFEleArray.Length;
                int allPage =int.Parse(Math.Ceiling ((double)allRecords/10).ToString());
                backlist[0].Add(allPage.ToString());
                return Json(backlist);
            }

            /// <summary>
            ///跳转页面时请求属性信息,每次只取 10 条
            /// </summary>
            /// <param name="layerGdbp">图层 gdbp</param>
            /// <param name="start">请求的页码</param>
            /// <returns></returns>
            public ActionResult SkipPageInfo(string layerGdbp, string start)
            {
                string url ="http://" +GISSrcIP +":" +GISSrcPort +"/igs/rest/mrfs/layer/query?
gdbp=" +layerGdbp +"&f=json" +
                        "&page=" +start +
"&pageCount = 10&structs = {IncludeAttribute: true, IncludeGeometry: true, IncludeWebGraphic:
true}";
                string responseHTML =QueryLayer(url);
                var flowResult =
(SFeatureElementSet) JavaScriptConvert.DeserializeObject(responseHTML, typeof(SFeatureEle-
mentSet));
                List<List<string>>backlist =PackageData(flowResult);
                return Json(backlist);
```

```
}

/// <summary>
/// 封装返回到前台的灾害点属性信息
/// </summary>
/// <param name="flowResult">rest 请求返回的数据</param>
/// <returns></returns>
public List<List<string>>PackageData(SFeatureElementSet flowResult)
{
    int no =flowResult.AttStruct.FldName.Length;
    List<string>names =new List<string>();
    for (int j =0; j <flowResult.AttStruct.FldName.Length; j++)
    {
        names.Add(flowResult.AttStruct.FldName[j]);
    }
    List<List<string>>alldata =new List<List<string>>();
    alldata.Add(names);
    int length =flowResult.SFEleArray.Length >= 10 ? 10 : flowResult.SFEleArray.
Length;
    for (int i =0; i <length; i++)
    {
        List<string>one =new List<string>();
        for (int t =0; t <no; t++)
        {
            one.Add(flowResult.SFEleArray[i].AttValue[t]);
        }
        one.Add(flowResult.SFEleArray[i].fGeom.PntGeom[0].Dot.x.ToString());
        one.Add(flowResult.SFEleArray[i].fGeom.PntGeom[0].Dot.y.ToString());
        alldata.Add(one);
    }
    return alldata;
}
public string QueryLayer(string url)
{
    HttpWebRequest req =(HttpWebRequest)HttpWebRequest.Create(url);
    HttpWebResponse rep =(HttpWebResponse)req.GetResponse();
    Stream stream =rep.GetResponseStream();
    StreamReader sr =new StreamReader(stream, Encoding.UTF8);
    string responseHTML =sr.ReadToEnd();
```

```
            return responseHTML;
        }

        /// <summary>
        /// 灾害点统计查询
        /// </summary>
        /// <param name="typeList">要查询的灾害点类型</param>
        /// <param name="startNo">开始位置</param>
        /// <param name="pageNum">每页显示的条数</param>
        /// <returns></returns>
        public ActionResult DisaDotsStatistics(string typeList, string startNo,string page-
Num)
        {
            FjdzDzEntities fjEntities =new FjdzDzEntities();
            List<DisaDot>backData =new List<DisaDot>();
            List<string>disaType =
(List<string>)JavaScriptConvert.DeserializeObject
(typeList, typeof(List<string>));

            List<RegionCode>allRegion =fjEntities.RegionCode.ToList();
            int start =int.Parse(startNo);
            List<RegionCode>queryRegion =
allRegion.Skip(start).Take(int.Parse(pageNum)).ToList();

            foreach (var region in queryRegion)
            {
                DisaDot one =QueryOneRegion(region, disaType);
                backData.Add(one);
            }
            int eachPageNum =int.Parse(pageNum);//每页显示的条数
            int allRecords =allRegion.Count;
            int allPage =int.Parse(Math.Ceiling((double)allRecords / eachPageNum).ToS-
tring());
            DisaDot page =new DisaDot();
            page.Xp =allPage.ToString();
            backData.Add(page);
            return Json(backData);
        }
```

```
//单个地区各类型灾害点数据的统计
public DisaDot QueryOneRegion(RegionCode region, List<string>types)
{
    FjdzDzEntities fjEntities=new FjdzDzEntities();
    DisaDot back=new DisaDot();
    back.Region =region.行政区名称;
    foreach (var type in types)
    {
        List<Comprehensive>oneType =fjEntities.Comprehensive.Where(q =>q.国
际代码 ==region.代码 && q.灾害类型 ==type).ToList();
        string num =oneType.Count.ToString();
        switch (type)
        {
            case "00"://斜坡
                back.Xp =num;
                break;
            case "01"://滑坡
                back.Hp =num;
                break;
            case "02"://崩塌
                back.Bt =num;
                break;
            case "03"://泥石流
                back.Nsl =num;
                break;
            case "04"://地面塌陷
                back.Dmtx =num;
                break;
            case "05"://熔岩塌陷
                back.Rytx =num;
                break;
            case "06"://地裂缝
                back.Dlf =num;
                break;
            case "07"://地面沉降
                back.Dmcj =num;
                break;
            case "08"://高陡边坡
                back.Gaodbp =num;
```

```
                    break;
                }
            }
            return back;
        }
```

第五节　值班管理功能代码示例

值班管理模块是为了方便用户在系统中直接填写值班日志，以达到电子化办公节约纸张、保存数据的功能。其包括值班录入和值班查询两项功能。

一、值班录入

1. 功能说明

值班录入功能是为了支持用户在系统中直接填写值班日志的功能。

2. 代码示例

```
/// <summary>
        /// 保存工作记录
        /// </summary>
        /// <param name="writePeo">记录填写人</param>
        /// <param name="writeTime">记录填写时间</param>
        /// <param name="noteText">工作记录内容</param>
        /// <returns></returns>
         public ActionResult SaveDutyNoteInfo(string writePeo, string noteText, string
writeTime)
        {
            DutyNoteOper duty=new DutyNoteOper();
            int ret =duty.SaveDutyNoteInfo(writePeo, noteText, writeTime);
            return Json(ret);
        }

        //保存一条工作记录
        public int SaveDutyNote(string writePeo, string noteText, string writeTime)
        {
            string[] startTimeArray =writeTime.Split(new char[]{'# '})[0].Split(new char
[]{' '});
            string[] STArrayDate =startTimeArray[0].Split(new char[]{'-'});
            string[] STArrayTime =startTimeArray[1].Split(new char[]{':'});
```

```
                string startTime = STArrayDate[0] +STArrayDate[1] +STArrayDate[2] +STArrayTime[0] +STArrayTime[1] +STArrayTime[2];
                string[] endTimeArray = writeTime.Split(new char[] { '#' })[1].Split(new char[] { ' ' });
                string[] ETArrayDate = endTimeArray[0].Split(new char[] { '-' });
                string[] ETArrayTime = endTimeArray[1].Split(new char[] { ':' });
                string endTime = ETArrayDate[0] +ETArrayDate[1] +ETArrayDate[2] +ETArrayTime[0] +ETArrayTime[1] +ETArrayTime[2];
                int ret;
                try
                {
                    using (SqlConnection conn = new SqlConnection(_connStr))
                    {
                        if (conn.State == ConnectionState.Open)
                            conn.Close();
                        conn.ConnectionString = _connStr;
                        conn.Open();
                        string querySql = "select *  from " + _DutyNoteTable +" where WritePeo='" +writePeo +"' and WriteTime='" +startTime +"' and EndTime='"+endTime+"'";
                        SqlCommand querycmd = new SqlCommand(querySql, conn);
                        SqlDataReader reader = querycmd.ExecuteReader();
                        if (reader.HasRows)
                        {
                            reader.Close();
                            //更新数据
                            string updateSql= "UPDATE "+_DutyNoteTable +" SET DutyNote='" +noteText +"' where WritePeo='" +writePeo +"' and WriteTime='" +startTime +"' and EndTime='" +endTime +"'";
                            SqlCommand insertcmd = new SqlCommand(updateSql, conn);
                            SqlDataReader rdr = insertcmd.ExecuteReader();
                            ret = 2;
                        }
                        else
                        {
                            reader.Close();
                            //插入新数据
                            string insertsql = "INSERT INTO " + _DutyNoteTable +"(WritePeo,WriteTime,EndTime, DutyNote)  VALUES" +"('" +writePeo +"','" +startTime +"','" +endTime +"','" +noteText +"')";
```

```
                    SqlCommand insertcmd =new SqlCommand(insertsql, conn);
                    SqlDataReader rdr =insertcmd.ExecuteReader();
                    ret =1;
                }
            }
        }
        catch (Exception)
        {
            ret =0;
        }
        return ret;
    }
```

二、值班查询

1. 功能说明

值班查询功能是为了对已经记录的值班日志进行查询的功能。

2. 代码示例

```
// <summary>
        /// 值班查询请求处理
        /// </summary>
        /// <param name="dutyPeoName">值班人</param>
        /// <param name="dutyStartTime">开始时间</param>
        /// <param name="dutyEndTime">结束时间</param>
        /// <returns></returns>
        public ActionResult HandleDutyQuery(string dutyPeoName, string dutyStartTime,
string dutyEndTime,string dutyPerPage,string dutyStartPage)
        {
            //string[] startTimeArr =dutyStartTime.Split(new Char[] { '-' });
            //string[] endTimeArr =dutyEndTime.Split(new Char[] { '-' });

            //string startTime=" ";
            //string endTime=" ";

            string[] startTimeArray =dutyStartTime.Split(new char[] { ' ' });
            string[] STArrayDate =startTimeArray[0].Split(new char[] { '-' });
            string[] STArrayTime =startTimeArray[1].Split(new char[] { ':' });
            string startTime =STArrayDate[0] +STArrayDate[1] +STArrayDate[2] +STAr-
rayTime[0] +STArrayTime[1] +STArrayTime[2];
```

```
                    string[] endTimeArray =dutyEndTime.Split(new char[] { ' ' });
                    string[] ETArrayDate =endTimeArray[0].Split(new char[] { '-' });
                    string[] ETArrayTime =endTimeArray[1].Split(new char[] { ':' });
                    string endTime =ETArrayDate[0] +ETArrayDate[1] +ETArrayDate[2] +ETAr-
rayTime[0] +ETArrayTime[1] +ETArrayTime[2];

                    //if (startTimeArr.Length >0&&startTimeArr[0]!=" ")
                    //{
                    //      startTime =startTimeArr[0] +startTimeArr[1] +startTimeArr[2];
                    //}

                    //if (endTimeArr.Length >0 && endTimeArr[0] !=" ")
                    //{
                    //      endTime =endTimeArr[0] +endTimeArr[1] +endTimeArr[2];
                    //}

                    int perPage =int.Parse(dutyPerPage);
                    int startPage =int.Parse(dutyStartPage);
                    DutyNoteOper duty =new DutyNoteOper();
                    List<DutyNoteInfo>result=
duty.QueryDutyInfoByTimeAndPeople(dutyPeoName,startTime,endTime,perPage,startPage);
                    return Json(result);
                }


    /// <summary>
                /// 导出值班记录
                /// </summary>
                /// <returns></returns>
                public ActionResult ExportHistoryDutyInfo()
                {
                    List<DutyNoteObj>historyList =new List<DutyNoteObj>();
                    DutyNoteOper dOper=new DutyNoteOper();
                    historyList =dOper.PackageData(DutyNoteOper.lastResult);
                    CreateWordFile cWordOper=new CreateWordFile();
                    FileStream fs =cWordOper.ExportWordInStream(historyList);
                    if (fs !=null)
                    {
                        byte[] buffer =new byte[fs.Length];
```

```
                    fs.Read(buffer, 0, buffer.Length);
                    fs.Close();
                    string[] fileInfoArray = cWordOper.saveFileName.Split('\\');
                    string fileNamePart = DateTime.Now.ToString("yyyyMMddHHmmss");
                    string fileName = "值班日志_"+fileNamePart+".doc";

                    //Response.AddHeader("Accept - Ranges", "bytes");
                    Response.ContentType = "application/msword";
                    Response.Charset = "GB2312";
                    Response.ContentEncoding = System.Text.Encoding.UTF8;
                    Response.AddHeader("Content - Disposition", "attachment; filename=\" "
+HttpUtility.UrlEncode(fileName, System.Text.Encoding.UTF8));
                    Response.BinaryWrite(buffer);
                    Response.Flush();
                    Response.End();
                    cWordOper.DeleteTempFile(cWordOper.saveFileName);
                }
                return Json(" ");
        }
```

第六节　图层管理功能代码示例

图层管理模块主要是对已有的空间数据进行直观展示和隐藏的功能。

代码示例如下。

```
/* 树形图层管理---图层管理面板*/

var pTreeLayerManage = {
    id: "panelTreeLayerManage",
    title: '树形图层管理',
    content: '<div id="layerd_treeLayerManageTitle">' +
                    '<div class="layerd_left">' +
                        '<label class="layerd_leftIcon">1</label>' +
                        '<label class="layerd_leftTxt">图层</label>' +
                    '</div>' +
                    '<div class="layerd_right">' +
                        '<div>' +
                        '<img
src="/../Scripts/Libs/treeLayerManage/images/4.png">' +
```

```
                                        '<label id="layerd_getLayer" title="提交">提交</label>' +
                                        //'<label id="layerd_getDragLayer">提交</label>' +
                                   '</div>' +
//                                  '<div>' +
//                                      '<img
src="./../Scripts/Libs/treeLayerManage/images/5.png"/>' +
//                                      '<label id="layerd_showDragNode">调整顺序</label>' +
//                                  '</div>' +
                              '</div>' +
                         '</div>' +
                         '<div id="layerd_treeLayerManage"></div>' +
                         '<div id="layerd_nodeDrag"></div>',

          init: function () {
               getContent();
          }
     };
     function getContent() {
          var treeLayer =new Rrteam.Control.Rrtree({
               id: "layerd",
               parentDivId: "layerd_treeLayerManage",
               /*
               *theme 包含 arrow[三角形],line[+号],当前只支持 arrow
               */
               theme: "arrow",
               showCheckBox: true,          //是否显示 checkbox
               showFirstChildrenNodes: true,  //是否开始就展开一级子节点
               requestUrl: "../TreeLayerManage/GetXmlLayerData",
               xmlUrl: "./../Config/treeLayer.xml",
               /*
               *model 指该插件是用于展示(view)图层:[显示,隐藏],还是管理(manage):[添
加、删除、重命名],
               *或者文件夹(folder):[只添加、删除、重命名文件夹].或者是 layer:[只能删除图
层]
               */
               model: "view",
               imagesUrl: "./../Scripts/Libs/treeLayerManage/images/",
               nodeClickCallBack: nodeClick,
               checkBoxClickCallBack: checkBoxClick
```

```
    });
    return treeLayer;

}
//隐藏图层
function removeLayers(removeArr, storeArr) {
    removeArray(removeArr, storeArr);
}

//显示图层
function showLayers(gdbp) {
    var layer =new Zondy.Map.Layer(
                        "全新世活断层",
                        gdbp,
                        {
                            ip: Zondy.Project.IGSIP,
                            port: Zondy.Project.IGSPort,
                            isBaseLayer: false,
                            singleTile: true,
                            ratio: 1
                        }
                    );
    map.addLayers([layer]);
}

/*
*列表加载图层
*/
$("#layerd_getLayer").live("click", function () {
    reLoadLayer(treeLayerRestoreGdbp);
    $("#layerd_getDragLayer").hide();
});



/*
*重新加载图层
*/
function reLoadLayer(gdbp) {
```

```
    if (map.layers[1])
        map.removeLayer(map.layers[1]);
    if (gdbp.length >0)
        showLayers(gdbp);
}

/*
*调整图层顺序
*/
$("#layerd_showDragNode").live("click", function () {
    var layerTree =$("#layerd_treeLayerManage");
    var nodeDrag =$("#layerd_nodeDrag");
    var nodeDragParentId ="layerd_nodeDrag";    //调整图层顺序的容器
    var getLayer =$("#layerd_getLayer");
    var getDragLayer =$("#layerd_getDragLayer");
    nodeDrag.empty();
    var gsbps =getArrayToOtherSide(treeLayerRestoreGdbp);
    var names =getArrayToOtherSide(treeLayerRestoreName);
    if ($(this).text() =="调整顺序") {
        layerTree.hide();
        nodeDrag.show();
        $(this).text("返回图层");
        var _nodeDrag =new Rrteam.Control.NodeDrag({
            parentId: nodeDragParentId,
            gdbps: gsbps,
            names: names,
            imagesUrl: "./../Content/images/treeLayerImages/"
        });
        getLayer.hide();
        getDragLayer.show();
    }
    else {
        layerTree.show();
        nodeDrag.hide();
        getLayer.show();
        getDragLayer.hide();
        MYM(this).text("调整顺序");
    }
});
```

```
/*
* 获得调整后的图层
*/
$("#layerd_getDragLayer").live("click", function () {
    var layerOrderNode = $("." +nodeDragParentId +"- leaf");
    var newGdbps =[];
    var _newGDbps =[];
    for (var i =0; i <layerOrderNode.length; i++) {
        newGdbps[layerOrderNode.length - 1 - i] =$(layerOrderNode[i]).attr("value");
//gdbp 索引与图层的显示顺序
    }
    reLoadLayer(newGdbps);
});
```

本章小结

本章是在第五章对系统进行了系统总体设计、数据库设计、图层设计，以及地质灾害气象预警模型和功能模块的详细设计以后，根据对地质灾害气象预警业务的理解和系统开发的功能需求，对系统的雨量管理、雨量监控、气象预警、灾害管理、值班管理、图层管理等功能模块进行了相关的功能说明，并做出了详细的代码示例，这些代码都是经过测试的可执行代码，可以帮助读者迅速掌握地质灾害气象预警系统开发的要点，供读者参考。

第七章　系统功能展示

第一节　雨量管理功能展示

雨量管理模块主要为对预报雨量数据进行导入、查询、生成预报雨量图、实况雨量查询展示的功能模块。其中预报雨量数据的导入格式为 TXT 文本文档，实况雨量数据是通过实时采集存放在系统雨量数据库之中的。

雨量管理模块主要包括预报采集、预报查询、雨量查询 3 个功能，其菜单栏如图 7－1 所示。

图 7－1　雨量管理模块菜单栏

一、预报采集功能展示

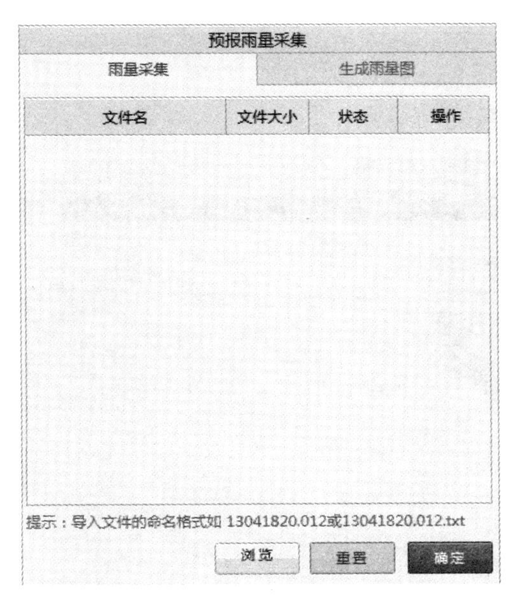

图 7－2　预报雨量采集窗口

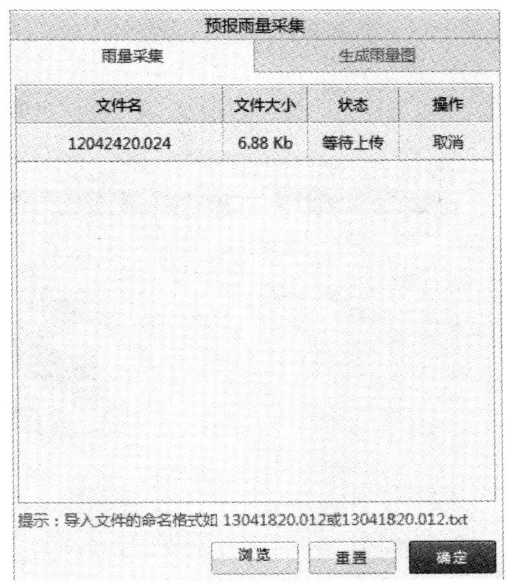

图 7－3　上传雨量数据文本

图 7-4　预报雨量数据详情展示

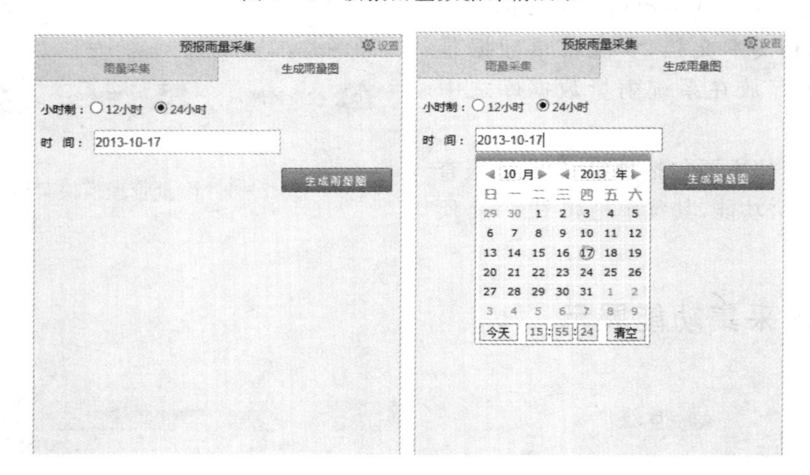

图 7-5　生成雨量图功能界面

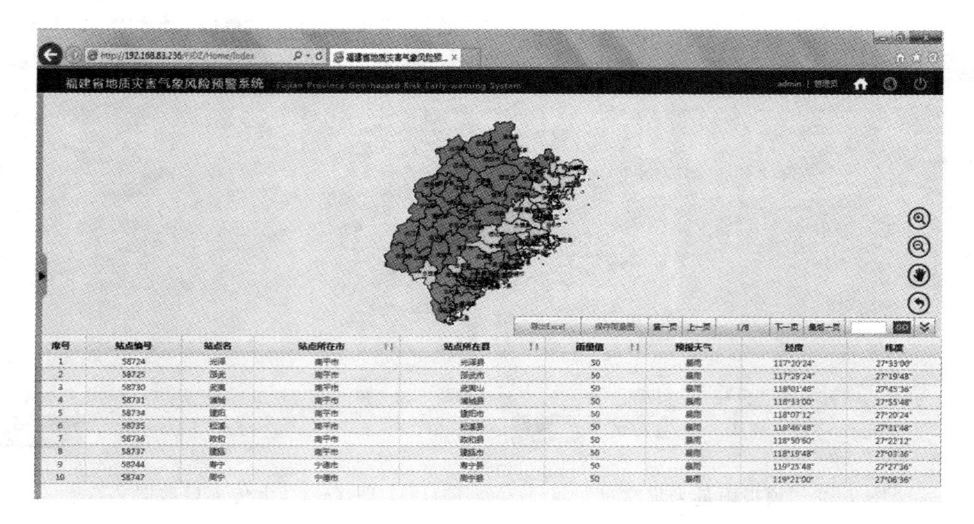

图 7-6　预报雨量图及详细信息展示

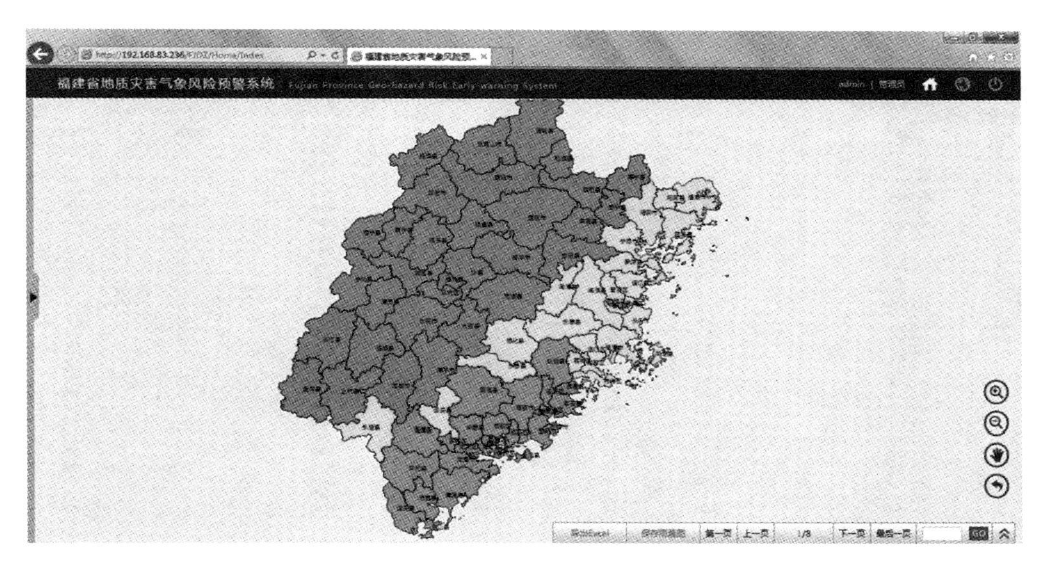

图 7－7　预报雨量图全屏展示

二、预报查询功能展示

图 7－8　预报雨量查询界面

序号	日期	小时制	详情
1	2013-10-17	24	查看详情
2	2012-08-05	12	查看详情
3	2012-08-05	24	查看详情
4	2012-04-28	24	查看详情
5	2012-04-24	24	查看详情
6	2012-04-20	24	查看详情
7	2012-04-19	24	查看详情
8	2012-04-11	24	查看详情

图 7－9　预报雨量查询结果列表

福建省地质灾害气象风险预警系统　Fujian Province Geo-hazard Risk Early-warning System

结果展示　　导出Excel　第一页　上一页　1/3　下一页　最后一页　GO

序号	日期	小时制	站点编号	站点名	站点所在市	站点所在县	雨量值	预报天气
1	2013-10-17	24	58724	光泽	南平市	光泽县	25	大雨
2	2013-10-17	24	58725	邵武	南平市	邵武市	25	大雨
3	2013-10-17	24	58730	武夷	南平市	武夷山	10	中雨
4	2013-10-17	24	58731	浦城	南平市	浦城县	10	中雨
5	2013-10-17	24	58734	建阳	南平市	建阳市	25	大雨
6	2013-10-17	24	58735	松溪	南平市	松溪县	10	中雨
7	2013-10-17	24	58736	政和	南平市	政和县	10	中雨
8	2013-10-17	24	58737	建瓯	南平市	建瓯市	25	大雨
9	2013-10-17	24	58744	寿宁	宁德市	寿宁县	10	中雨
10	2013-10-17	24	58747	周宁	宁德市	周宁县	10	中雨
11	2013-10-17	24	58748	福安	宁德市	福安市	10	中雨
12	2013-10-17	24	58749	柘荣	宁德市	柘荣县	10	中雨
13	2013-10-17	24	58754	福鼎	宁德市	福鼎市	10	中雨
14	2013-10-17	24	58818	宁化	三明市	宁化县	25	大雨
15	2013-10-17	24	58819	清流	三明市	清流县	25	大雨
16	2013-10-17	24	58820	泰宁	三明市	泰宁县	25	大雨
17	2013-10-17	24	58821	将乐	三明市	将乐县	25	大雨
18	2013-10-17	24	58822	建宁	三明市	建宁县	25	大雨
19	2013-10-17	24	58823	顺昌	南平市	顺昌县	25	大雨
20	2013-10-17	24	58824	明溪	三明市	明溪县	25	大雨
21	2013-10-17	24	58826	沙县	三明市	沙县	25	大雨
22	2013-10-17	24	58828	三明	三明市	三明市	25	大雨
23	2013-10-17	24	58834	南平	南平市	南平市	25	大雨
24	2013-10-17	24	58836	古田	宁德市	古田县	25	大雨
25	2013-10-17	24	58837	尤溪	三明市	尤溪县	25	大雨
26	2013-10-17	24	58839	闽清	福州市	闽清县	10	中雨

图 7－10　预报雨量详细信息

三、雨量查询功能展示

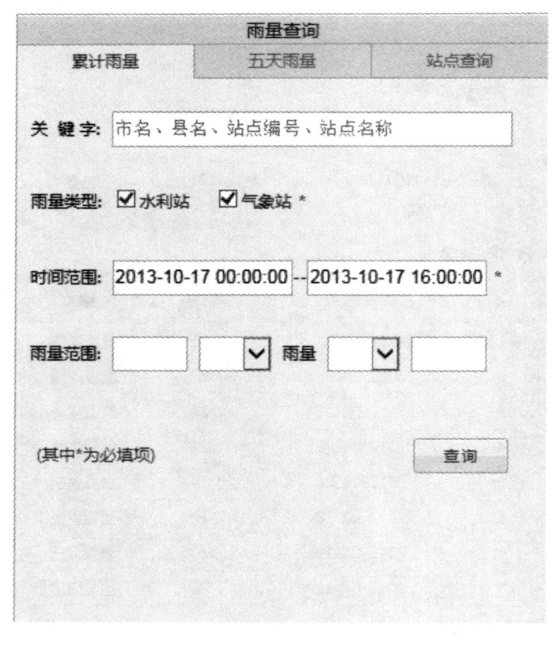

图 7－11　雨量查询界面

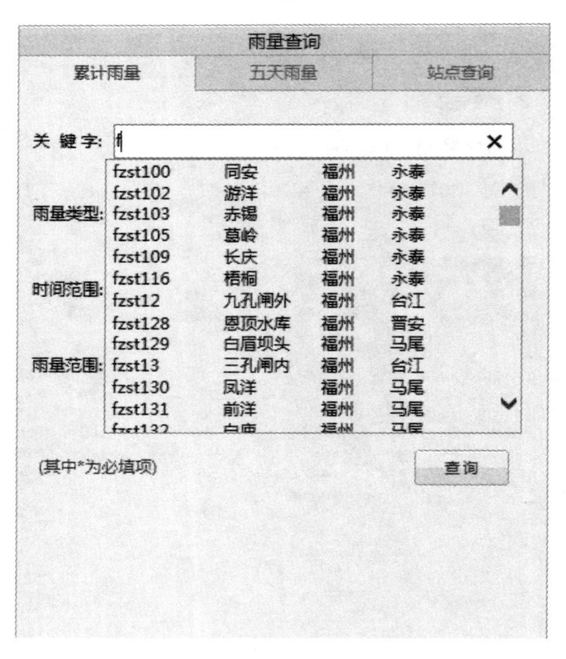

图 7－12　累计雨量查询关键字检索

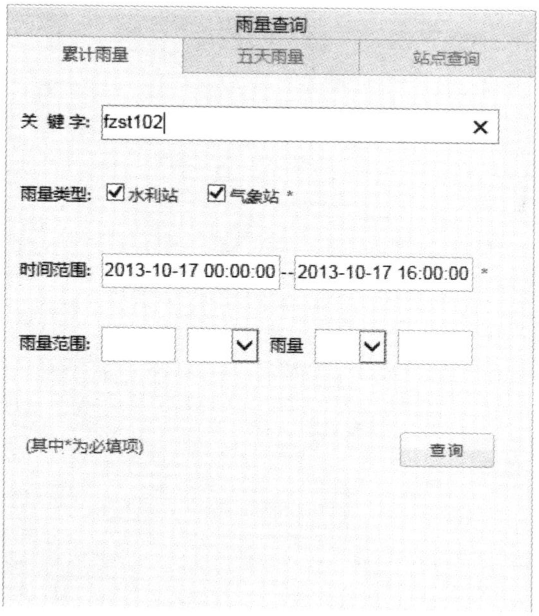

雨量查询
累计雨量 五天雨量 站点查询
关 键 字: fzst102
雨量类型: ☑水利站 ☑气象站 *
时间范围: 2013-10-17 00:00:00 -- 2013-10-17 16:00:00 *
雨量范围: 雨量
(其中*为必填项) 查询

图 7-13 累计雨量时间范围选择

图 7-14 累计雨量范围选择

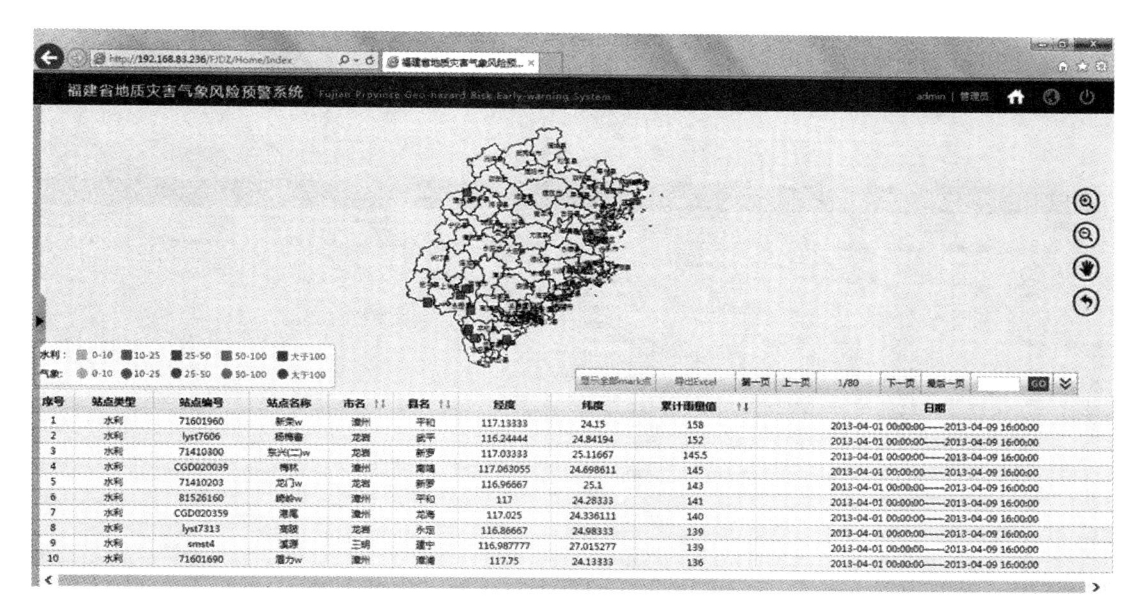

图 7-15 累计雨量查询结果展示

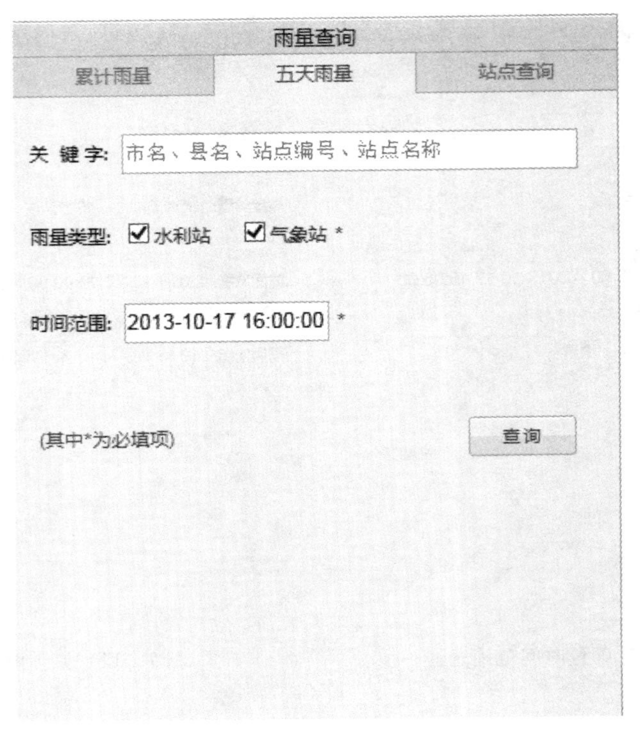

图 7-16　5 天雨量查询界面

福建省地质灾害气象风险预警系统 Fujian Province Geo-hazard Risk Early-warning System

结果展示

序号	站点类型	站点编号	站点名称	市名	县名	经度	纬度	第一天累计值	第二天累计值	第三天累计值	第四天累计值	第五天累计值
1	气象	F1002	城门	福州	仓山区	119.379444444444	25.9816666666667	0	12	175	38	72
2	气象	F1003	琅岐	福州	马尾区	119.636944444444	26.0791666666667	0	48	125	28	30
3	气象	F1004	软件园	福州	鼓楼区	119.265	26.1144444444444	0	25	140	13	51
4	气象	F1013	寿山	福州	晋安区	119.273611111111	26.1888888888889	2	36	146	19	52
5	气象	F1014	宦溪	福州	晋安区	119.352777777778	26.1763888888889	1	33	147	17	55
6	气象	F1101	金沙	福州	闽清	118.7075	26.1791666666667	0	0	161	30	64
7	气象	F1102	上莲	福州	闽清	118.648611111111	26.0394444444444	0	13	98	65	62
8	气象	F1103	东桥	福州	闽清	118.894166666667	26.3747222222222	0	3	149	16	50
9	气象	F1104	坂东	福州	闽清	118.772222222222	26.1125	0	27	97	38	37
10	气象	F1105	雄江	福州	闽清	118.751111111111	26.33	0	4	164	26	37
11	气象	F1203	洋里	福州	闽侯	118.97	26.3716666666667	0	8	191	25	45
12	气象	F1204	白沙	福州	闽侯	119.068055555556	26.2086111111111	0	7	135	30	36
13	气象	F1205	鸿尾	福州	闽侯	118.998055555556	26.1697222222222	0	4	97	33	37
14	气象	F1206	竹岐	福州	闽侯	119.103888888889	26.1494444444444	0	26	125	22	47
15	气象	F1207	南屿	福州	闽侯	119.213055555556	25.9836111111111	0	17	110	29	62
16	气象	F1209	[illegible]	福州	闽侯	118.985833333333	26.0386111111111	0	40	174	34	52
17	气象	F1210	小箬	福州	闽侯	118.88	26.2769444444444	0	6	183	37	52
18	气象	F5308	玉斗	泉州	永春	118.036944444444	25.4038888888889	0	4	125	109	124
19	气象	F5309	蓬壶	泉州	永春	118.261666666667	25.4019444444444	0	9	153	103	54
20	气象	F5310	桂洋	泉州	永春	118.075833333333	25.4888888888889	0	2	275	71	127
21	气象	F5311	苏坑	泉州	永春	118.23	25.4447222222222	0	4	209	95	112
22	气象	F5312	防汛办	泉州	永春	118.308888888889	25.325	0	6	148	135	62
23	气象	F5313	牛姆林	泉州	永春	117.945	25.4413888888889	0	0	132	39	90
24	气象	F5314	介福	泉州	永春	118.319166666667	25.4433333333333	0	10	188	96	55
25	气象	F5315	外山	泉州	永春	118.4675	25.3261111111111	0	6	76	81	41
26	气象	F5401	湖头	泉州	安溪	118.103333333333	25.185	0	4	155	224	62

图 7-17　5 天雨量查询结果

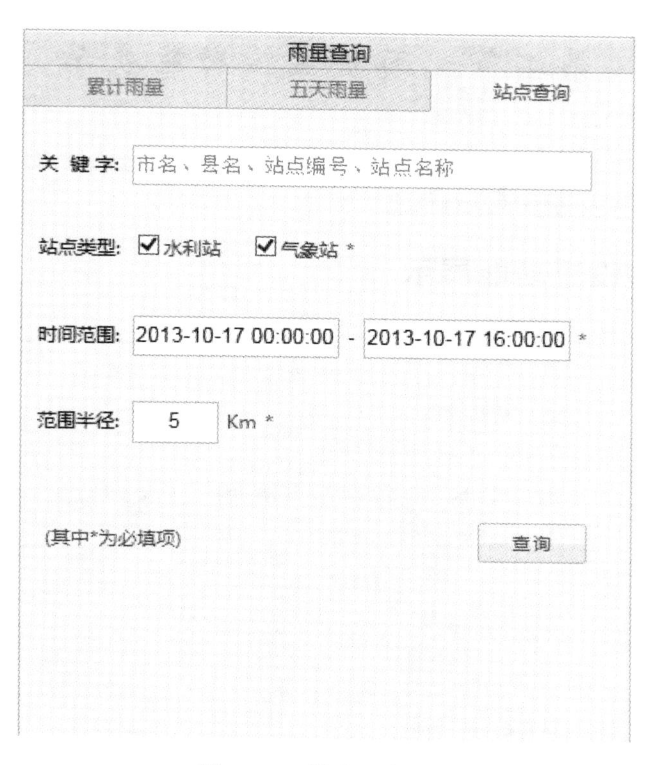

图 7-18 站点查询界面

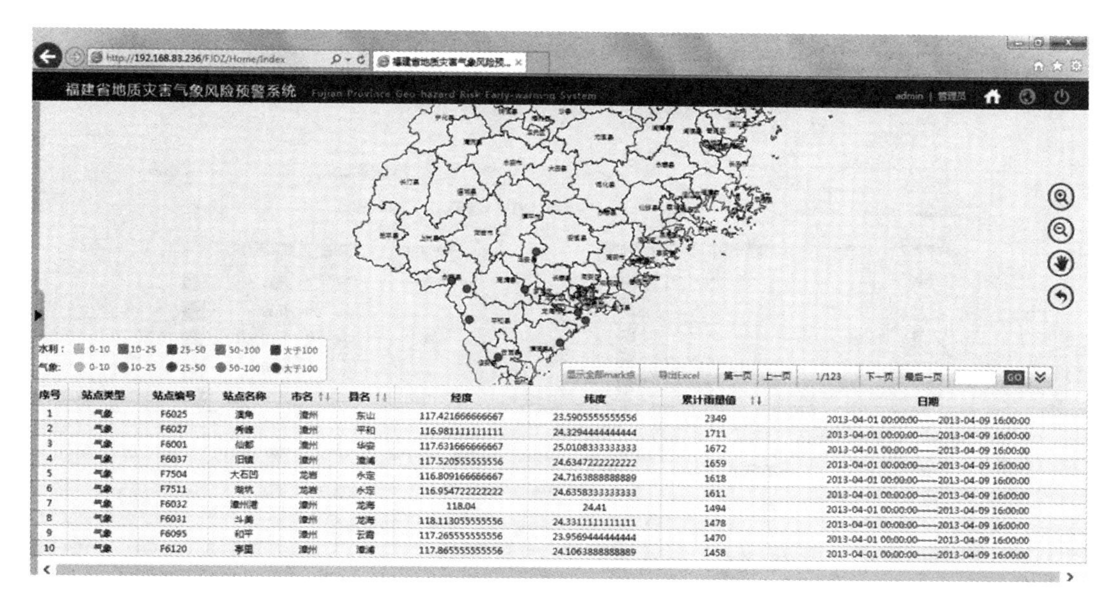

图 7-19 站点查询结果

第二节　雨量监控功能展示

雨量监控模块主要是对通过设置监控条件之后，可以实时地监控雨量数据，并且在此模块可以查看到监控的信息及报警的站点信息。

一、监控条件设置功能展示

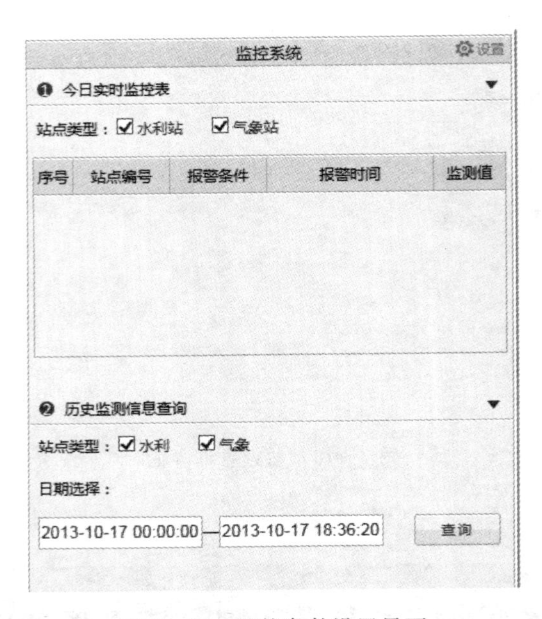

图7-20　监控条件设置界面

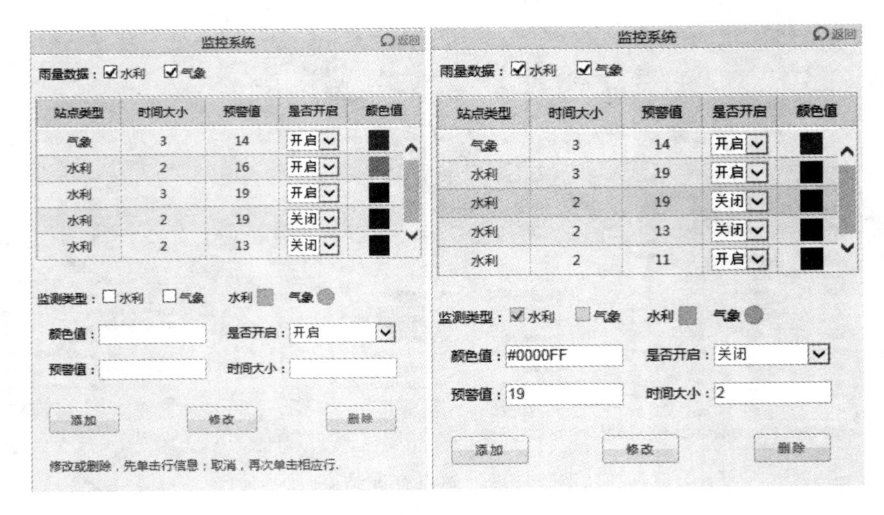

图7-21　监控条件设置

二、监测信息查询功能展示

图 7－22　监测信息查询界面

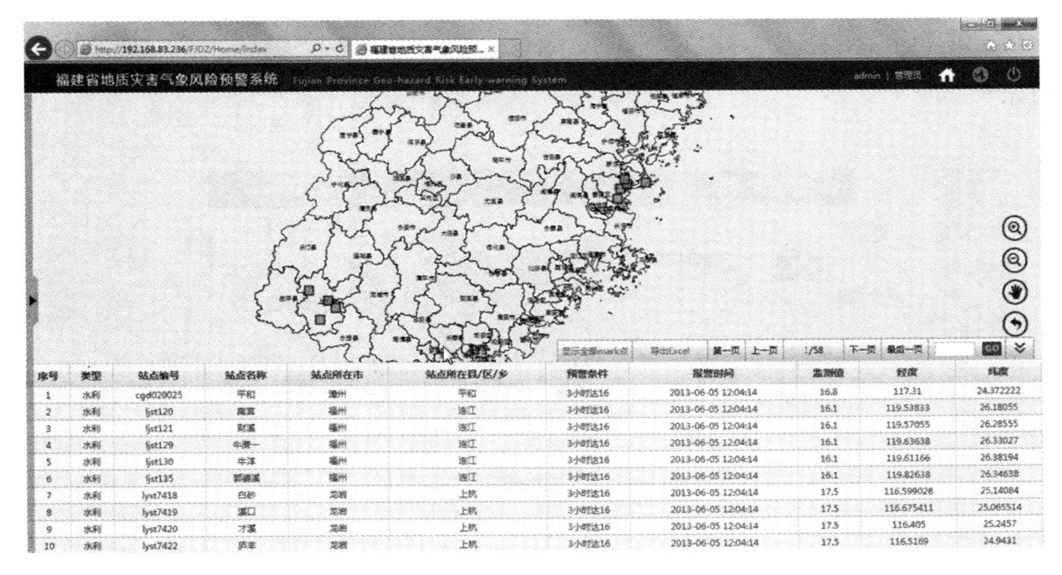

序号	类型	站点编号	站点名称	站点所在市	站点所在县/区/乡	预警条件	报警时间	监测值	经度	纬度
1	水利	cgd020025	平和	漳州	平和	3小时达16	2013-06-05 12:04:14	16.8	117.31	24.372222
2	水利	fjst120	[illegible]	福州	连江	3小时达16	2013-06-05 12:04:14	16.1	119.53833	26.18055
3	水利	fjst121	[illegible]	福州	连江	3小时达16	2013-06-05 12:04:14	16.1	119.57055	26.28555
4	水利	fjst129	[illegible]	福州	连江	3小时达16	2013-06-05 12:04:14	16.1	119.63638	26.33027
5	水利	fjst130	牛洋	福州	连江	3小时达16	2013-06-05 12:04:14	16.1	119.61166	26.38194
6	水利	fjst135	[illegible]	福州	连江	3小时达16	2013-06-05 12:04:14	16.1	119.82638	26.34638
7	水利	lyst7418	白砂	龙岩	上杭	3小时达16	2013-06-05 12:04:14	17.5	116.599028	25.14084
8	水利	lyst7419	溪口	龙岩	上杭	3小时达16	2013-06-05 12:04:14	17.5	116.675411	25.065514
9	水利	lyst7420	才溪	龙岩	上杭	3小时达16	2013-06-05 12:04:14	17.5	116.405	25.2457
10	水利	lyst7422	庐丰	龙岩	上杭	3小时达16	2013-06-05 12:04:14	17.5	116.5169	24.9431

图 7－23　监测信息详细列表

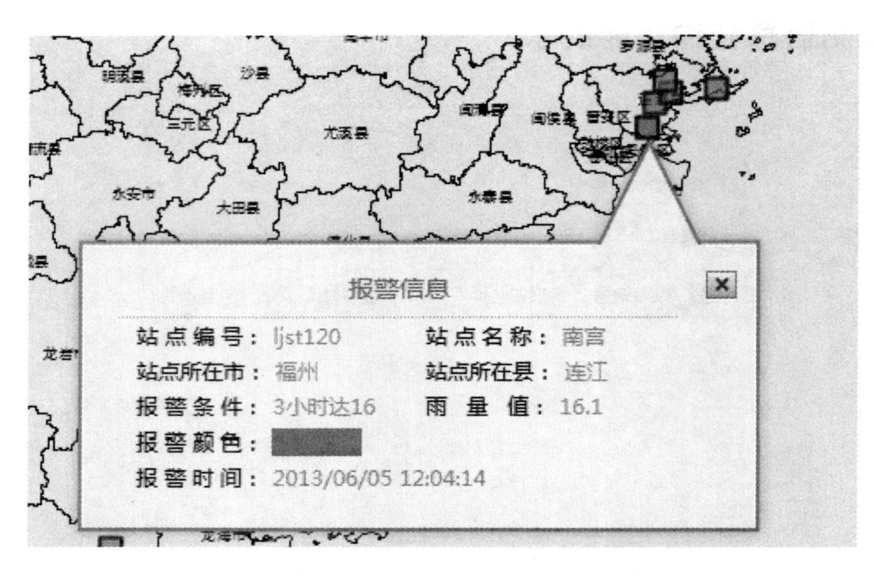

图 7－24　雨量站点信息查看

第三节　气象预警功能展示

气象预警模块是本系统最为核心的功能，主要是通过雨量值结合计算模型和预警分析进行科学的计算，得到整个地区预警等值线，并且能够发布预警成果的功能。其中预警分析功能包含了整个地质灾害气象预警工作的全部流程。本书以福建省为例，展示如下。

气象预警模块主要包括了预警分析、历史预警和自我修订 3 个功能，其菜单栏如图 7－25 所示。

图 7－25　气象预警模块菜单栏

一、预警分析功能展示

图 7-26　预警分析界面　　图 7-27　偏重值设置

图 7-28　权重值设置

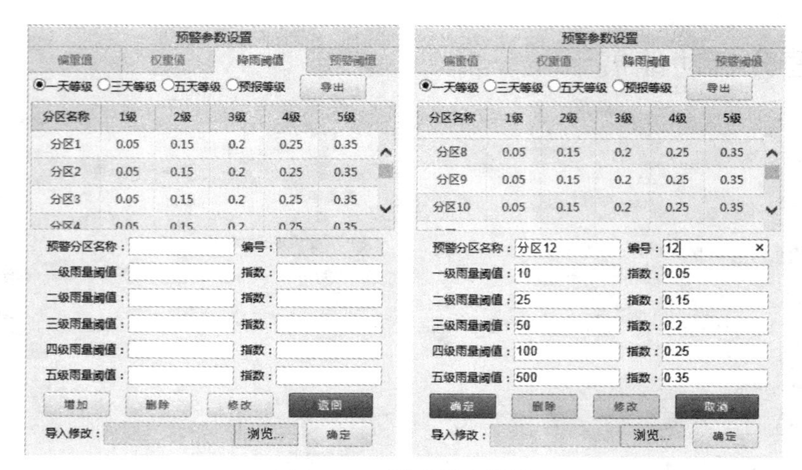

图 7－29　降雨阈值设置

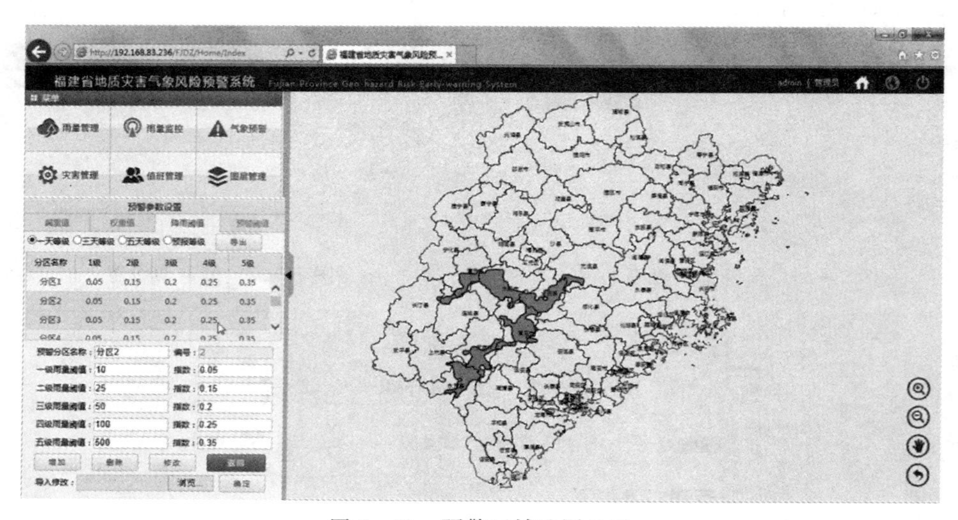

图 7－30　预警区域地图显示

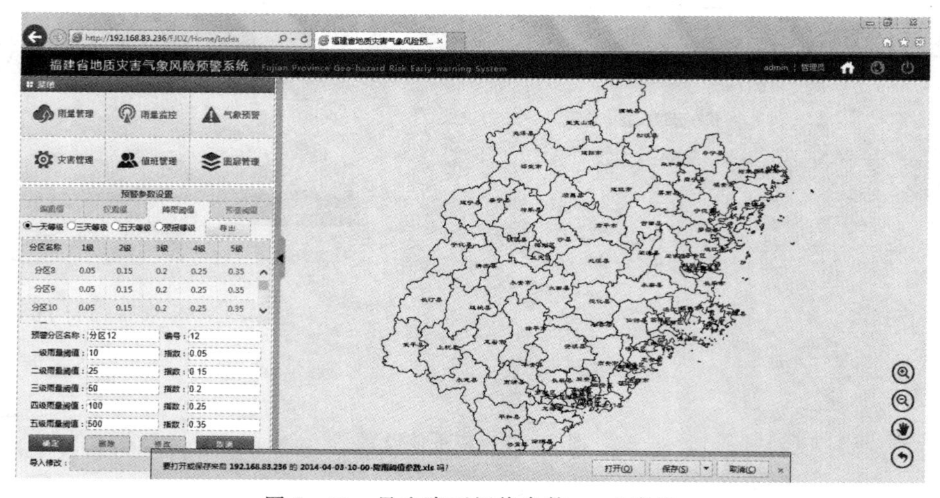

图 7－31　导出降雨阈值参数 excel 表格

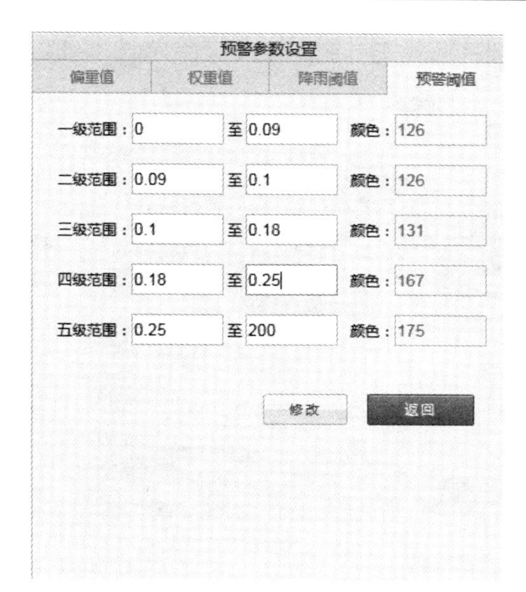

图 7-32　预警阈值设置

图 7-33　预警分析

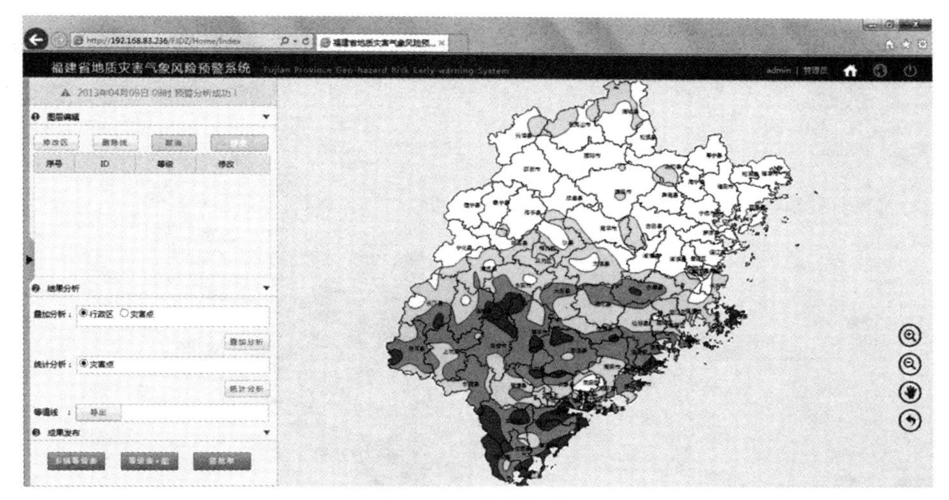

图 7-34　预警等值线生成

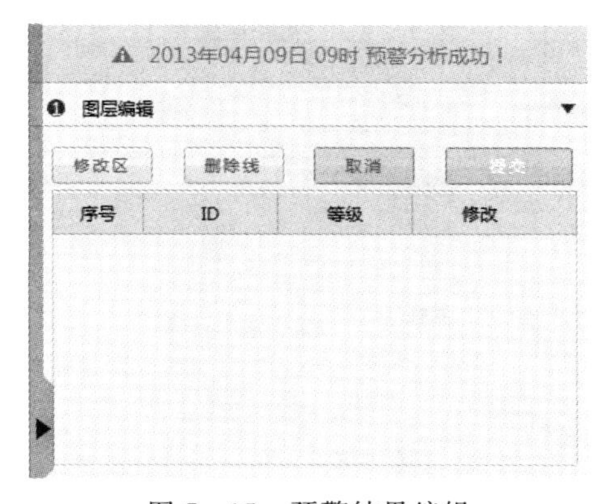

图 7-35　预警结果编辑

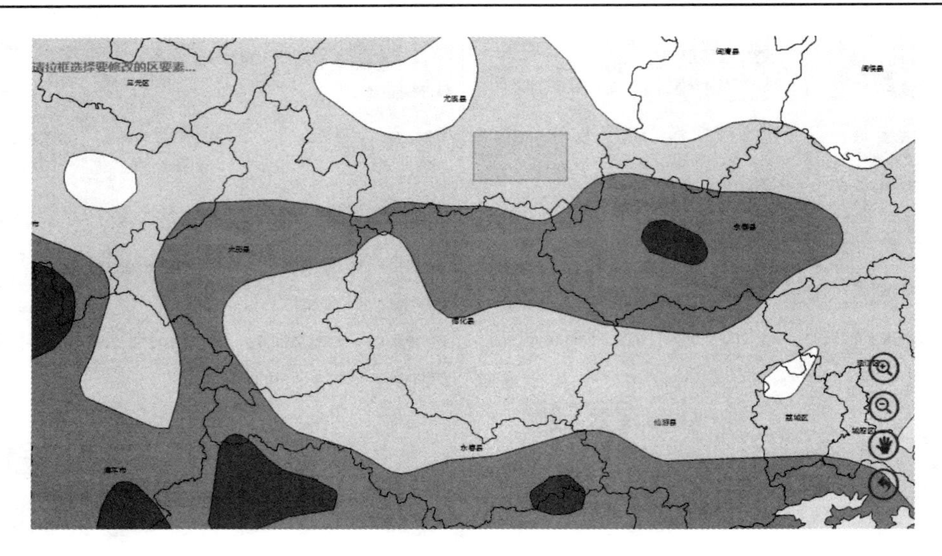

图 7-36　区要素编辑

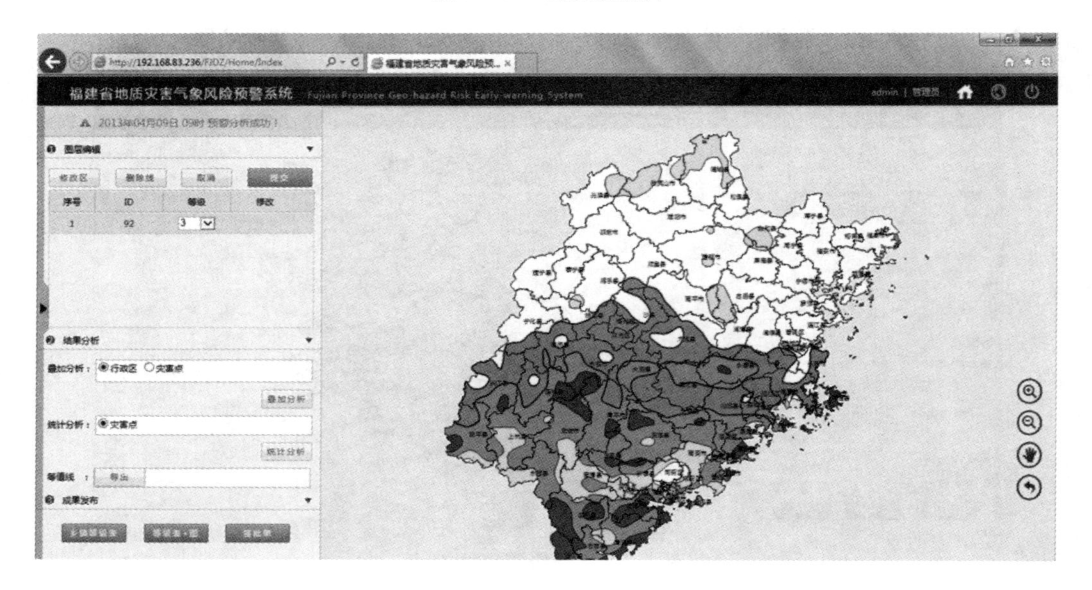

图 7-37　线要素编辑

图 7-38　预警结果分析

图 7－39　预警成果发布

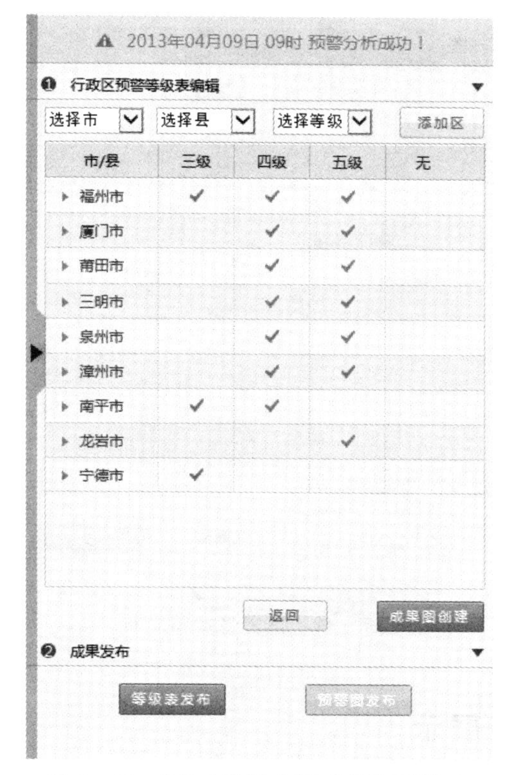

图 7－40　“市县等级表”和“预警图”发布

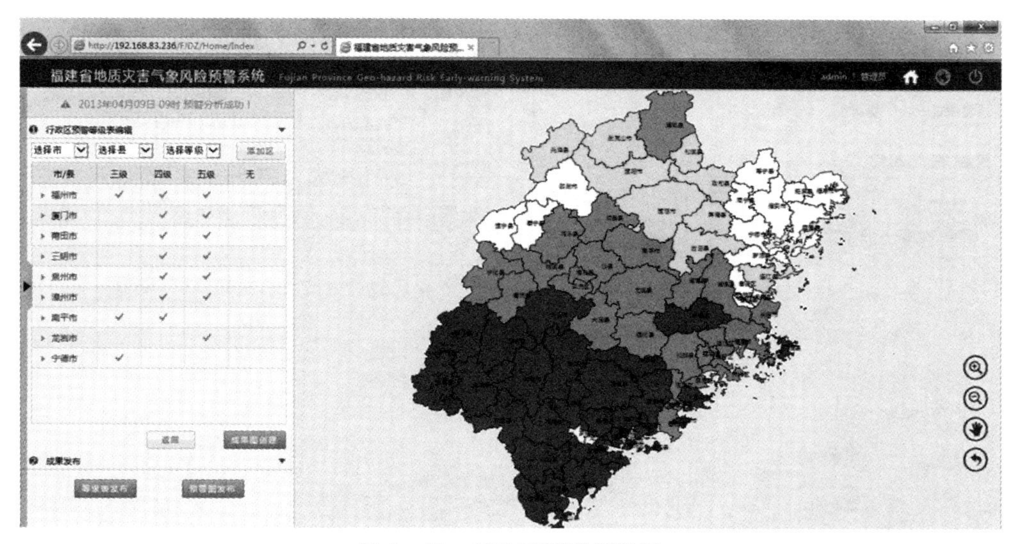

图 7－41　行政区预警等级图

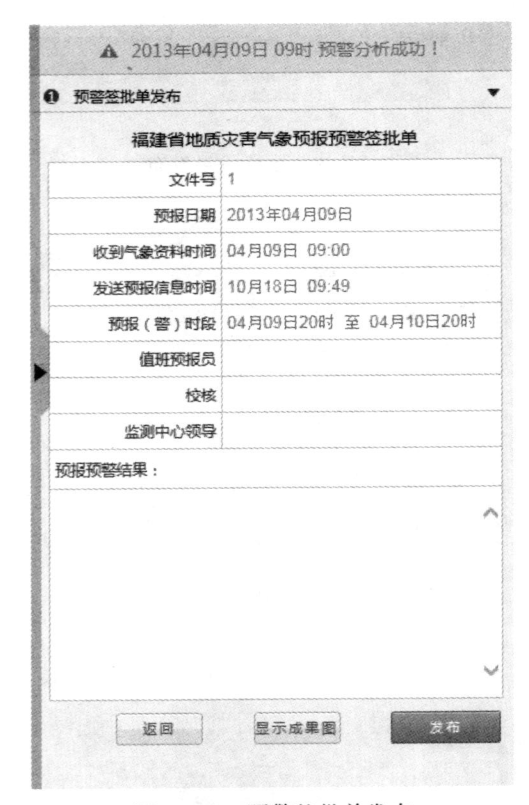

图7-42　预警签批单发布

二、历史预警功能展示

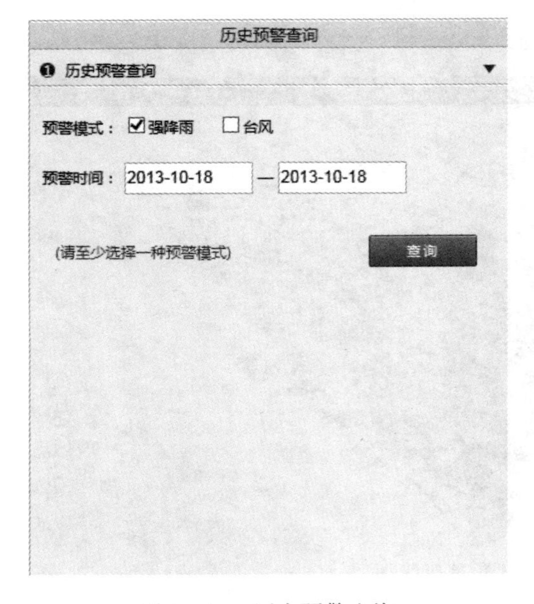

图7-43　历史预警查询

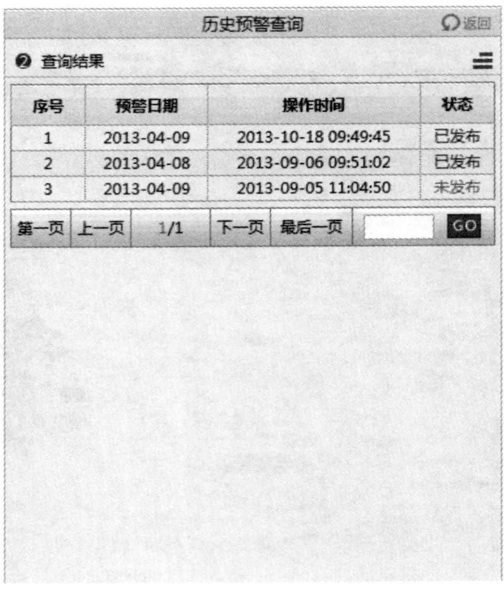

序号	预警日期	操作时间	状态
1	2013-04-09	2013-10-18 09:49:45	已发布
2	2013-04-08	2013-09-06 09:51:02	已发布
3	2013-04-09	2013-09-05 11:04:50	未发布

图7-44　历史预警查询结果

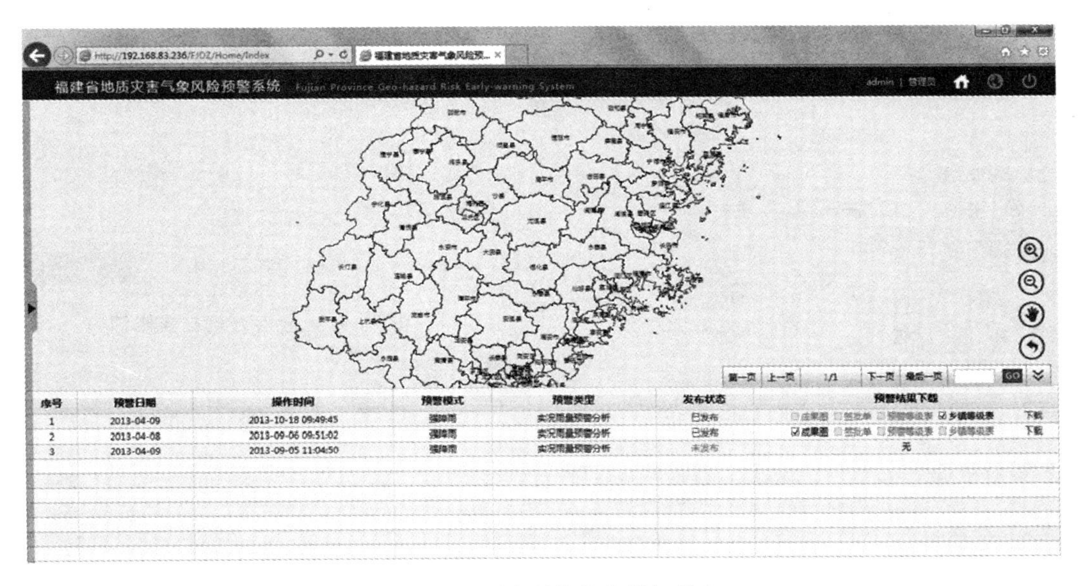

图 7－45　历史预警信息详细列表

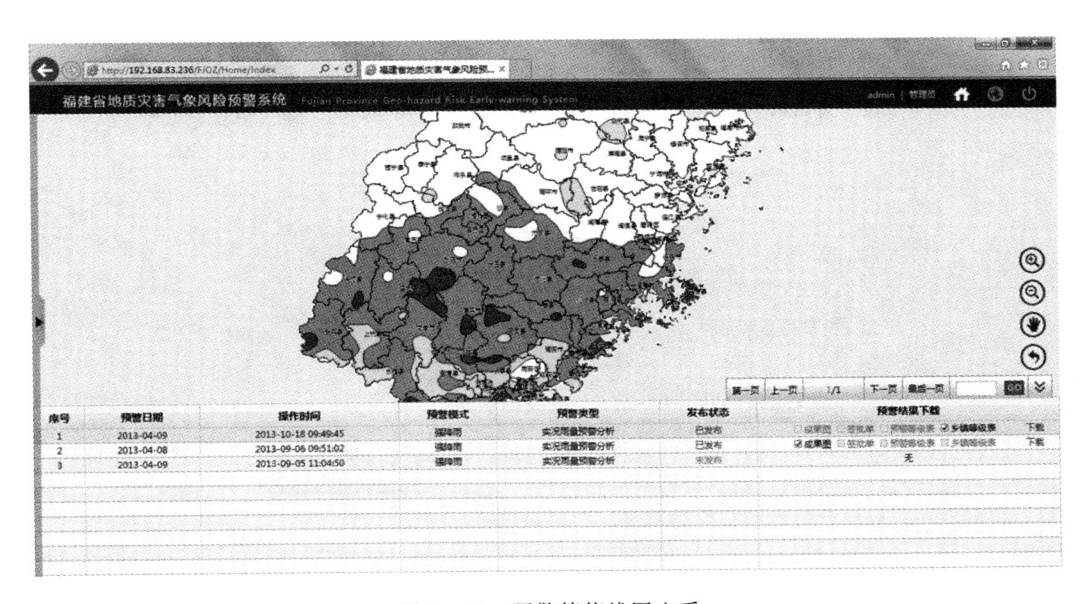

图 7－46　预警等值线图查看

图 7－47　预警成果下载

三、自我修订功能展示

自我修订 返回
❶ 范围值与修改值
◉一天 ○三天 ○五天
范围: -∞ 至 -10 修改: -10
范围: -10 至 -5 修改: -5
范围: -5 至 10 修改: 0
范围: 10 至 15 修改: 5
范围: 15 至 +∞ 修改: 10
❷ 灾害点个数
三级灾害点个数：1
四级灾害点个数：6
五级灾害点个数：16
保存

图 7－48　自我修订界面

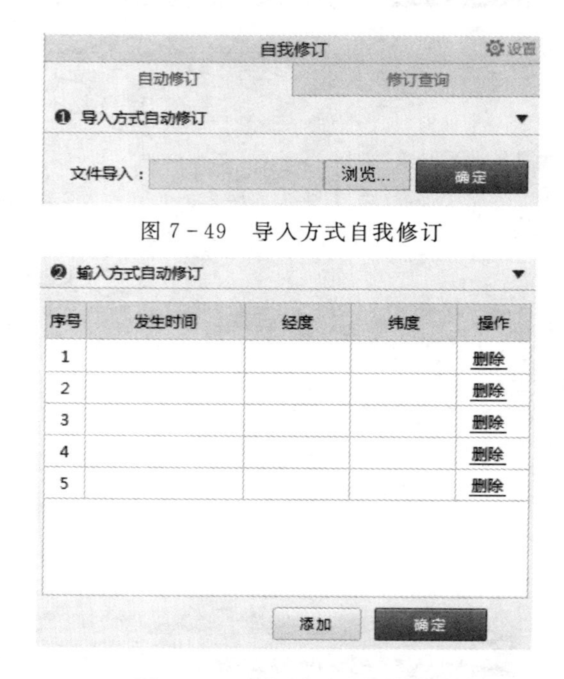

图 7－49　导入方式自我修订

图 7－50　输入方式自我修订

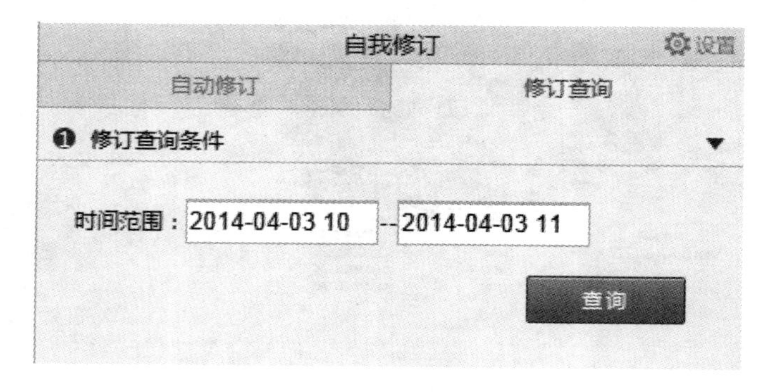

图 7－51　修订查询

第四节　灾害管理功能展示

灾害管理模块主要是对已有灾害点的数据进行统计分析的功能模块，它主要是直观地展现出灾害点的各类统计图，能够使用户对灾害点的大致分布有直观的感受。

图 7-52～图 7-56 为灾害统计功能展示。

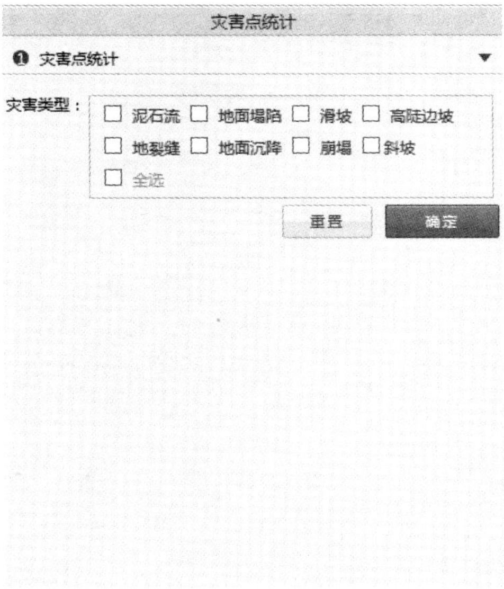

灾害点统计

❶ 灾害点统计

灾害类型：☐ 泥石流 ☐ 地面塌陷 ☐ 滑坡 ☐ 高陡边坡 ☐ 地裂缝 ☐ 地面沉降 ☐ 崩塌 ☐ 斜坡 ☐ 全选

重置　确定

图 7-52　灾害点统计界面

灾害点统计

❶ 灾害点统计

灾害类型：☑ 泥石流 ☑ 地面塌陷 ☑ 滑坡 ☑ 高陡边坡 ☑ 地裂缝 ☑ 地面沉降 ☑ 崩塌 ☑ 斜坡 ☑ 全选

重置　确定

图 7-53　统计类型选择

灾害点统计　返回

❷ 统计结果

	滑坡	斜坡	崩塌	泥石流	地裂缝	地面塌陷	地面沉降	高陡边坡
福州市	0	0	0	0	0	0	0	0
市辖区	50	2	24	1	0	0	0	0
鼓楼区	0	0	0	0	0	0	0	0
台江区	0	0	0	0	0	0	0	0
仓山区	0	0	0	0	0	0	0	0
马尾区	9	14	20	1	0	0	0	0
晋安区	0	0	0	0	0	0	0	0
闽侯县	97	16	69	1	0	0	0	0
连江县	15	3	22	0	0	0	0	0
罗源县	66	28	63	6	0	0	0	0
闽清县	78	26	34	6	0	0	0	0
永泰县	54	4	33	0	0	0	0	0
平潭县	8	9	28	0	0	0	0	0
福清市	46	1	14	0	0	0	0	0
长乐市	10	3	26	3	0	0	0	0

第一页　上一页　1/7　下一页　最后一页　GO

图 7-54　统计结果展示

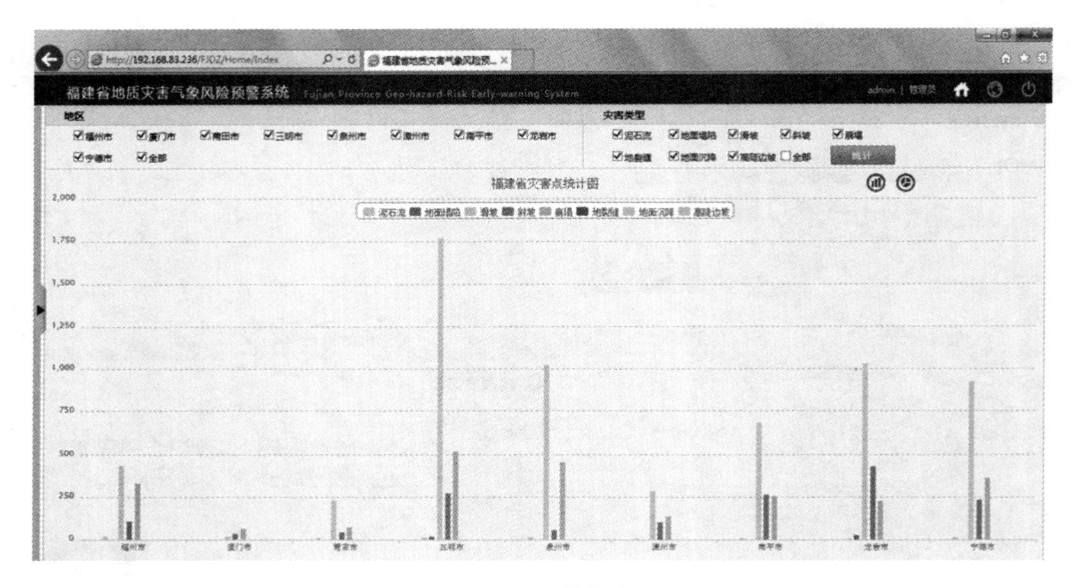

图 7－55　柱状统计图

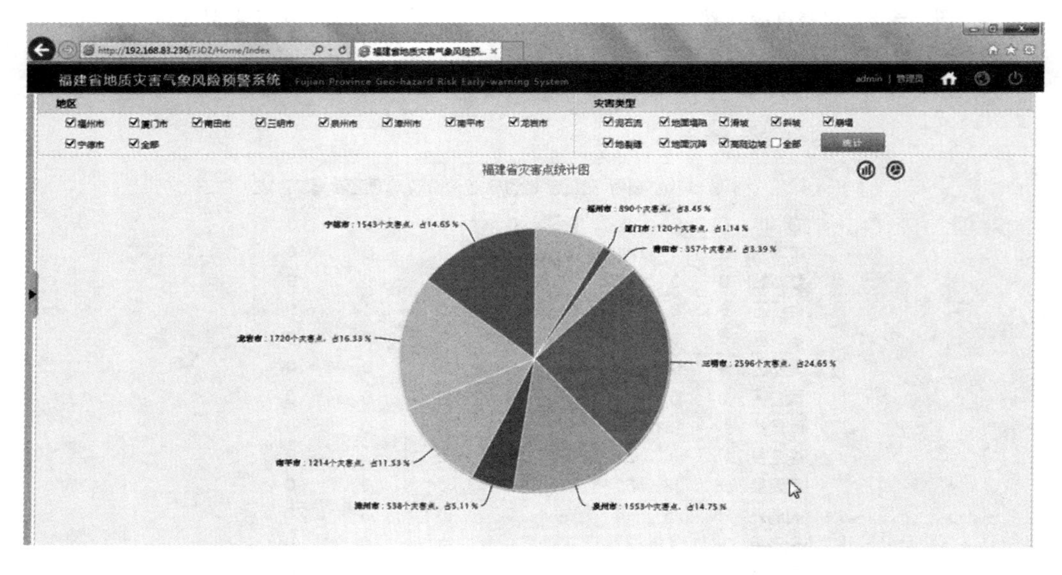

图 7－56　饼状统计图

第五节　值班管理功能展示

值班管理模块是为了方便用户在系统中直接填写值班日志，以达到电子化办公节约纸张，保存数据的功能。其包括值班录入和值班查询两项功能。

一、值班录入功能展示

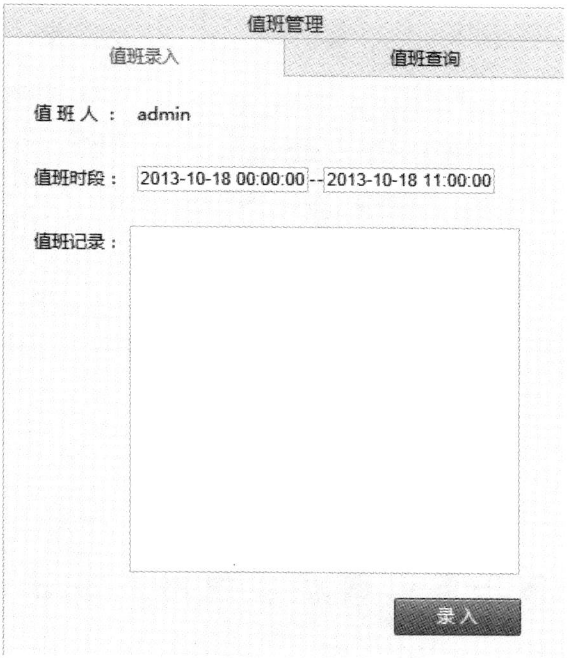

图 7-57　值班管理界面

二、值班查询功能展示

图 7-58　值班查询

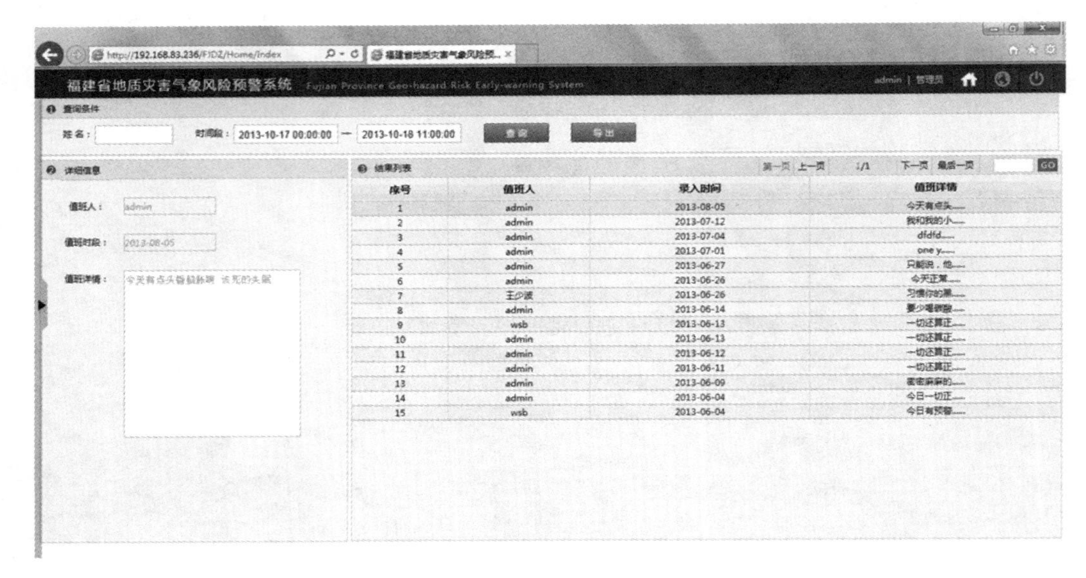

图 7－59　值班查询结果

第六节　图层管理功能展示

图层管理模块主要是对已有的空间数据进行直观展示和隐藏的功能。图 7－60～图 7－62 为图层显示控制功能展示。

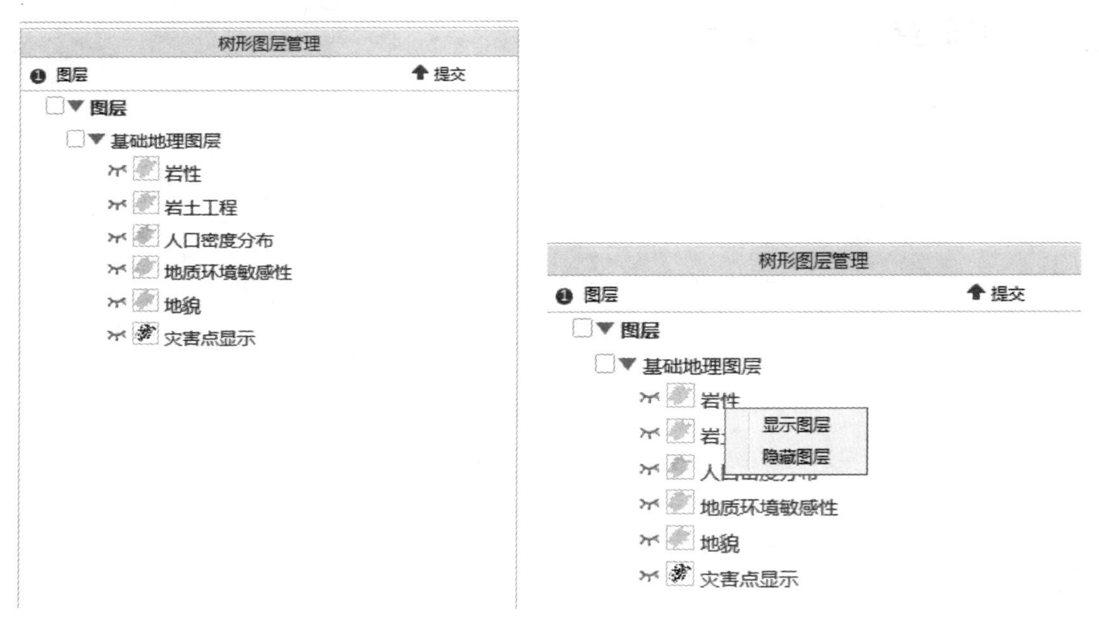

图 7－60　图层管理界面　　　　图 7－61　图层控制

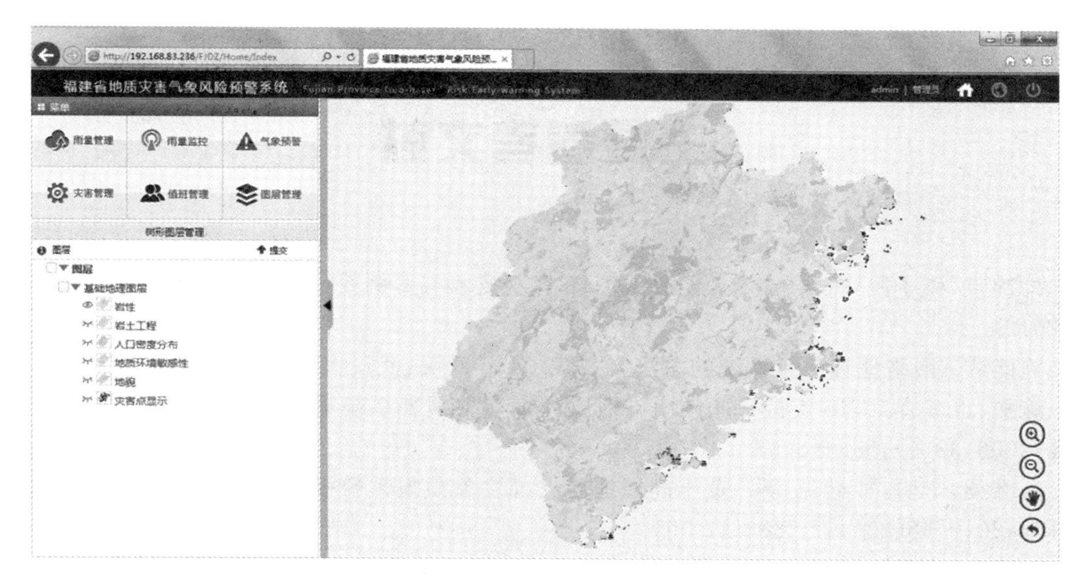

图 7-62　图层显示

本章小结

本章针对系统设计的雨量管理、雨量监控、气象预警、灾害管理、值班管理、图层管理等功能模块进行成果的展示。雨量管理功能展示的内容包括预报采集、预报查询、雨量查询；雨量监控功能展示的内容包括监控条件设置和监控信息查询；气象预警功能展示的内容包括预警分析、历史预警、自我修订；灾害管理功能展示的内容主要是灾害统计；值班管理功能展示的内容主要是值班录入和值班查询；图层管理功能展示的内容主要是图层显示控制。本书通过系统界面以及关键功能的截图，可为读者带来直观的感受，供读者开发参考。

主要参考文献

柳锦宝,张子民,张永福,等. 组件式GIS开发技术与案例教程[M]. 北京:清华大学出版社,2010.

陈能成. 网络地理信息系统的方法与实践[M]. 武汉:武汉大学出版社,2009.

陈平,丛威青. GIS支持下的湖南省地质灾害气象预警系统建设探讨[J]. 成都理工大学学报,2006,33(5):532—535.

高维英,李明,杜继稳,等. 黄土高原地质灾害气象预报预警模型研究新思路[J]. 安徽农业科学,2010,38(23):12 588—12 591.

黄润秋,许强,戚国庆. 降雨及水库诱发滑坡的评价与预测[M]. 北京:科学出版社,2007.

蒋波涛. WebGIS开发实践手册一基于ArcIMS、OGC和瓦片式GIS[M]. 北京:电子工业出版社,2009.

焦星东,罗勇平,孙忠强. 基于MapGIS技术的地质灾害气象预警系统研究[J].中国安全生产科学技术,2010,6(4):103—108.

兰恒星,伍发权,周成虎,等. GIS支持下的降雨型滑坡危险性空间分析预测[J]. 科学通报,2003,48(5):507—512.

李芳,娄月红,程晓露. 陕西省地质灾害-气象预报预警系统研制及应用[J].中国地质灾害与防治学报,2006,17(2):115—118.

李季涛,杨俊峰,荣文,等. WebGIS及其在交通运输中的应用研究[J]. 现代情报,2004,8(8):195—197.

李彦荣. 基于GIS的滑坡预测预报系统开发及应用研究[D]. 成都:成都理工大学,2003.

林孝松,郭跃. 滑坡与降雨的耦合关系研究[J]. 灾害学,2001,16(2):87—92.

刘传正,刘艳辉. 地质灾害区域预警原理与显式预警系统设计研究[J]. 水文地质工程地质,2007(6):109—115.

刘传正. 区域滑坡泥石流灾害预警理论与方法研究[J]. 水文地质工程地质,2004,31(3):1—6.

刘杰夫,陈棋福,黄静,等. WebGIS应用现状及发展趋势[J]. 地震,2003,23(4):10—20.

马林兵,张新长,伍少坤. WebGIS原理与方法教程[M]. 北京:科学出版社,2006.

苗爱梅,郝寿昌,武捷,等. 基于GIS的地质灾害气象预警系统研究[J]. 山西气象,2007,4(81):24—26.

乔建平,杨宗佶,田宏岭. 降雨滑坡预警的概率分析方法[J].工程地质学报,2009,17(3):343—348.

孙鸣雷. 降雨对温州市安埠山滑坡稳定性影响研究[D]. 武汉:中国地质大学,2012.

田宏岭,乔建平,王萌,等. 基于危险度区划的县级区域降雨引发滑坡的风险预警方法——以四川省米易县降雨滑坡为例[J]. 地质通报,2009,28(8):101－105.

王泳颖,李占元,黄永磷. 基于WebGIS的暴雨灾害决策系统的设计与实现[J]. 城市勘测,2009(2):52－55.

吴华意,章汉武,杜志鹏,等. 地理信息服务质量的理论与方法[M]. 武汉:武汉大学出版社,2011.

吴信才. 地理信息系统原理与方法[M].2版.北京:电子工业出版社,2009.

吴益平. 滑坡灾害空间预测系统研究[D].武汉:中国地质大学,2001.

谢剑明,刘礼领,殷坤龙,等. 浙江省滑坡灾害预报预警的降雨阀值研究[J]. 地质科技情报,2003,22(4):101－105.

谢剑明. 降雨对滑坡灾害的作用规律研究[D]. 武汉:中国地质大学,2004.

杨桂菊,石伟伟,黄骞. GIS技术在气象预警领域应用综述[J]. 广西师范学院学报(自然科学版),2014,31(1):67－72.

杨文东. 降雨型滑坡特征及其稳定性分析研究[D]. 武汉:武汉理工大学,2006.

殷坤龙,晏同珍. 汉江河谷旬阳江段区域滑坡规律及斜坡不稳定性预测[J]. 地球科学(武汉地质学院学报),1987,12(6):631－638.

殷坤龙,张桂荣,陈丽霞,等. 滑坡灾害风险分析[M]. 北京:科学出版社,2010.

殷坤龙. 滑坡灾害预测预报[M]. 武汉:中国地质大学出版社,2005.

尤风春,史印山,郭丽霞. 河北省山区地质灾害气象预警系统[J]. 气象科技,2008,36(6):818－821.

张桂荣,殷坤龙,刘礼领,等. 基于WebGIS和实时降雨信息的区域地质灾害预报预警系统[J]. 岩土力学,2005,26(8):1 312－1 317.

张桂荣. 基于WebGIS的滑坡灾害预测预报与风险管理[D]. 武汉:中国地质大学,2006.

张文君. 滑坡灾害遥感动态特征监测及其预测分析研究[D]. 重庆:西南交通大学,2007.

张正栋. 地理信息系统原理应用与工程[M]. 武汉:武汉大学出版社,2005.

钟洛加,肖尚德,周衍龙,等. 基于WebGIS的湖北省地质灾害气象预报预警[J]. 资源环境与工程,2007,21(S1):110－112.

周平根,毛继国,侯圣山,等. 基于WebGIS的地质灾害预报预警信息系统的设计与实现[J]. 地学前缘,2007,14(6):38－42.

G Pedrozzi. Triggering of landslides in Canton Ticino(Switzerland)and prediction by the rainfall intensity and duration method[J]. Bull Eng Geo Environ,2004(63):281－291.

Liu C Z,Liu Y H,Wen M S,et al. Early warning for geo-hazards based on the weather conditions in China[J]. Global Geology,2006,9(2):131－137.

Thomas Glade,Malcolm Anderson,Michael J Crozier. Landslide Hazard and Risk[M]. John Wiley&Sons Ltd,2004.

Wang W D,Wang G S,Du X G,et al. GIS-based highway geological hazard information management and decision support system [J]. Wuhan University Journal of Natural Sciences,2008,2(13):207－211.